中等职业技术学校教学用书

陶瓷企业光机电一体化
技术运用与维修

主　编　陈　军　李　伟
副主编　李武光　蒙志臻
主　审　庞　铭

北　京
冶金工业出版社
2020

内 容 提 要

本书内容主要包括：陶瓷企业机电设备概述；陶瓷企业常用机械传动方式；陶瓷生产设备常用零部件；陶瓷企业机械设备的维护保养；陶瓷企业触摸屏控制技术等。

本书为中等职业学校机电技术应用专业教学用书，也可作为陶瓷企业机电设备人员的培训教材。

图书在版编目（CIP）数据

陶瓷企业光机电一体化技术运用与维修/陈军，李伟主编. —北京：冶金工业出版社，2020.5
中等职业技术学校教学用书
ISBN 978- 7- 5024- 8419- 4

Ⅰ.①陶… Ⅱ.①陈… ②李… Ⅲ.①陶瓷工业—光电技术—机电一体化—设备—使用方法—中等专业学校—教材 ②陶瓷工业—光电技术—机电一体化—设备—维修—中等专业学校—教材 Ⅳ.①TH-39

中国版本图书馆 CIP 数据核字（2020）第 028315 号

出 版 人 陈玉千
地　　址 北京市东城区嵩祝院北巷 39 号 邮编 100009 电话 (010)64027926
网　　址 www.cnmip.com.cn 电子信箱 yjcbs@cnmip.com.cn
责任编辑 俞跃春 杜婷婷 美术编辑 郑小利 版式设计 禹 蕊
责任校对 郭惠兰 责任印制 禹 蕊
ISBN 978-7-5024-8419-4
冶金工业出版社出版发行；各地新华书店经销；北京印刷一厂印刷
2020 年 5 月第 1 版，2020 年 5 月第 1 次印刷
787mm×1092mm 1/16；13 印张；312 千字；198 页
39.00 元

冶金工业出版社 投稿电话 (010)64027932 投稿信箱 tougao@cnmip.com.cn
冶金工业出版社营销中心 电话 (010)64044283 传真 (010)64027893
冶金工业出版社天猫旗舰店 yjgycbs.tmall.com
（本书如有印装质量问题，本社营销中心负责退换）

前　言

　　本书根据教育部 2014 年公布的《中等职业学校机电技术应用专业教学标准》编写，主要服务于当地陶瓷企业，为陶瓷企业培养合格的机电专业技术人才。

　　本书采用当今流行的工学结合项目化教学模式编写，从企业、学校及学生的实际出发，结合多年的教学经验，围绕精心设计的工作项目，模拟企业工程实施环境，将传感器、机械传动、气动控制、PLC、变频器及触摸屏等知识融为一体，全面介绍机械安装、电路连接、气路连接、程序输入、参数设置、人机界面工程创建和设备调试等机电技术应用技能。本书具有以下特点：

　　(1) 坚持"工学结合、校企合作"的人才培养模式，模拟企业生产环境，渗透企业文化，重点强调学生职业习惯、职业素养的养成。

　　(2) 遵循学生的认知规律，打破传统的学科课程体系，坚持以企业工作任务为引领，以企业生产流程为依托，采取项目化的形式对机电设备安装与调试知识、技能进行重新建构。教材突出技能的培养，力求做到学做合一、理实一体。

　　(3) 以就业为导向，坚持"够用、实用、会用"的原则，以图片、操作表格代替烦琐抽象的原理分析，吸收了新产品、新知识、新工艺与新技能，重点培养学生的技术应用能力以及操作方法，更好地满足企业岗位的需要。

　　(4) 采取图文并茂的表现形式，尽可能使用图片和表格展示各个知识点与小任务，从而提高教材的可读性和可操作性。

　　本书由陈军、李伟担任主编，李武光、蒙志臻担任副主编，庞铭担任主审，由李武光、刘恒聪、杨焕和庞铭编写模块 1、模块 4、模块 5，由李金荣、赵紫霞、廖梅煊和蒙志臻编写模块 2、模块 3。全书由陈军、李伟统稿。广西工业职业技术学院李可成和曲宏远对本书内容及体系提出了很多宝贵的建议，在此对他们表示衷心的感谢。本书在编写过程中，参考了相关文献和资料，在此向有关作者表示感谢！

　　由于编者水平所限，书中不妥之处，恳请有关专家和广大读者批评指正。

编　者

2019 年 11 月

目　录

模块 1　陶瓷企业机电设备概述 ·· 1

任务 1.1　光机电一体化技术的发展 ·· 1
　　1.1.1　任务描述 ·· 1
　　1.1.2　知识链接一 ·· 1
　　1.1.3　知识链接二 ·· 5
　　1.1.4　知识检测 ··· 6

任务 1.2　陶瓷企业应用光机电一体化设备现状 ······························ 7
　　1.2.1　任务描述 ·· 7
　　1.2.2　知识链接一 ·· 7
　　1.2.3　知识检测 ·· 11

任务 1.3　陶瓷企业安全生产注意事项 ·· 12
　　1.3.1　任务描述 ·· 12
　　1.3.2　知识链接一 ·· 12
　　1.3.3　知识检测 ·· 16

模块 2　陶瓷企业常用机械传动方式 ·· 18

任务 2.1　带传动 ·· 18
　　2.1.1　任务描述 ·· 18
　　2.1.2　带传动在陶瓷企业的典型应用 ······································ 18
　　2.1.3　带传动的分类和特点 ··· 18
　　2.1.4　带传动的工作原理 ·· 23
　　2.1.5　V 带传动 ·· 27
　　2.1.6　带传动的失效形式和设计准则 ······································ 30
　　2.1.7　带传动的张紧方法 ·· 30
　　2.1.8　带传动的安装、使用和维护 ·· 32
　　2.1.9　知识检测 ·· 34

任务 2.2　链传动 ·· 36
　　2.2.1　任务描述 ·· 36
　　2.2.2　链传动的类型 ··· 36
　　2.2.3　链传动的特点 ··· 38
　　2.2.4　链传动在陶瓷生产中的典型应用 ··································· 39
　　2.2.5　滚子链和链轮 ··· 40

2.2.6 滚子链平均传动比 ………………………………………………………… 44

2.2.7 链传动的主要失效形式 …………………………………………………… 45

2.2.8 链传动的使用及维护保养 ………………………………………………… 46

2.2.9 知识检测 …………………………………………………………………… 49

任务 2.3 齿轮传动 ………………………………………………………………… 51

2.3.1 任务描述 …………………………………………………………………… 51

2.3.2 齿轮传动的类型 …………………………………………………………… 51

2.3.3 齿轮传动的特点 …………………………………………………………… 54

2.3.4 齿轮传动在陶瓷生产设备中的典型应用 ………………………………… 54

2.3.5 齿廓啮合的基本定律 ……………………………………………………… 56

2.3.6 渐开线齿廓 ………………………………………………………………… 57

2.3.7 渐开线直齿圆柱齿轮 ……………………………………………………… 57

2.3.8 齿轮常用材料及热处理 …………………………………………………… 61

2.3.9 齿轮的结构形式 …………………………………………………………… 62

2.3.10 渐开线直齿圆柱齿轮传动比 …………………………………………… 64

2.3.11 齿轮传动的功能 ………………………………………………………… 64

2.3.12 齿轮传动的主要失效形式 ……………………………………………… 66

2.3.13 齿轮的安装和维护保养 ………………………………………………… 68

2.3.14 知识检测 ………………………………………………………………… 71

模块 3 陶瓷生产设备常用零部件 ……………………………………………… 74

任务 3.1 轴 ………………………………………………………………………… 74

3.1.1 任务描述 …………………………………………………………………… 74

3.1.2 轴的分类 …………………………………………………………………… 74

3.1.3 轴在陶瓷生产设备中的典型应用 ………………………………………… 77

3.1.4 轴的材料及选择 …………………………………………………………… 77

3.1.5 轴的各部分名称 …………………………………………………………… 79

3.1.6 零件在轴上的固定 ………………………………………………………… 79

3.1.7 轴的主要失效形式 ………………………………………………………… 81

3.1.8 知识检测 …………………………………………………………………… 82

任务 3.2 轴承 ……………………………………………………………………… 83

3.2.1 任务描述 …………………………………………………………………… 83

3.2.2 轴承在陶瓷生产设备中的典型应用 ……………………………………… 84

3.2.3 轴承的分类 ………………………………………………………………… 86

3.2.4 滚动轴承 …………………………………………………………………… 86

3.2.5 轴承的主要失效形式 ……………………………………………………… 92

3.2.6 轴承的清洗 ………………………………………………………………… 97

3.2.7 轴承的安装 ………………………………………………………………… 99

3.2.8 轴承的拆卸 ………………………………………………………………… 105

　　　3.2.9　轴承的润滑 ………………………………………………… 109
　　　3.2.10　知识检测 ………………………………………………… 112
　任务3.3　减速机 ……………………………………………………… 113
　　　3.3.1　任务描述 …………………………………………………… 113
　　　3.3.2　常见减速机的类型、特点及应用 …………………………… 113
　　　3.3.3　常见减速机的结构组成 …………………………………… 119
　　　3.3.4　减速机常见的故障 ………………………………………… 120
　　　3.3.5　减速机的维护保养 ………………………………………… 122
　　　3.3.6　知识检测 …………………………………………………… 122

模块4　陶瓷企业机械设备的维护保养 …………………………………… 124

　任务4.1　通用设备的维护保养 ……………………………………… 124
　　　4.1.1　设备维护保养的目的和要求 ……………………………… 124
　　　4.1.2　设备的三级保养制度 ……………………………………… 125
　　　4.1.3　精、大、稀设备的使用维护要求 ………………………… 128
　　　4.1.4　动力设备的使用维护要求 ………………………………… 129
　　　4.1.5　设备的区域维护 …………………………………………… 129
　　　4.1.6　提高设备维护水平的措施 ………………………………… 129
　　　4.1.7　知识检测 …………………………………………………… 130
　任务4.2　陶瓷生产设备的润滑和点检 ……………………………… 131
　　　4.2.1　陶瓷生产设备的润滑 ……………………………………… 131
　　　4.2.2　陶瓷生产设备的点检 ……………………………………… 137
　　　4.2.3　知识检测 …………………………………………………… 145
　任务4.3　陶瓷生产主要设备常见故障及维修、保养方法 ………… 146
　　　4.3.1　窑炉关键设备常见故障及维修、保养方法 ……………… 146
　　　4.3.2　釉线常用设备的常见故障及维修、保养方法 …………… 152
　　　4.3.3　知识检测 …………………………………………………… 155

模块5　陶瓷企业触摸屏控制技术 ………………………………………… 156

　任务5.1　触摸屏在原料传送带控制系统的使用 …………………… 156
　　　5.1.1　任务描述 …………………………………………………… 156
　　　5.1.2　任务分析 …………………………………………………… 156
　　　5.1.3　任务材料清单 ……………………………………………… 160
　　　5.1.4　相关知识 …………………………………………………… 162
　　　5.1.5　工艺要求 …………………………………………………… 180
　　　5.1.6　任务实施 …………………………………………………… 180
　　　5.1.7　知识检测 …………………………………………………… 182
　任务5.2　触摸屏在打包机控制系统的使用 ………………………… 183
　　　5.2.1　任务描述 …………………………………………………… 183

5.2.2　任务分析 ···································· 183

5.2.3　任务材料清单 ································· 185

5.2.4　相关知识 ···································· 185

5.2.5　工艺要求 ···································· 190

5.2.6　任务实施（同 5.1.6 任务实施一样）············ 190

5.2.7　知识检测 ···································· 190

任务 5.3　触摸屏在传送机构调速控制系统的使用 ··········· 191

5.3.1　任务描述 ···································· 191

5.3.2　任务分析 ···································· 191

5.3.3　任务材料清单 ································· 194

5.3.4　相关知识 ···································· 194

5.3.5　知识检测 ···································· 197

参考文献 ··· 198

模块 1 陶瓷企业机电设备概述

任务 1.1 光机电一体化技术的发展

项目教学目标

知识目标：

（1）了解光机电一体化设备的发展历程；

（2）了解"中国制造 2025"的主攻方向。

技能目标：

（1）能说出光机电一体化设备的组成；

（2）能说出"中国制造 2025"的总体目标。

素质目标：

具有资料检索能力、学习能力和表达能力。

知识目标

1.1.1 任务描述

随着科学技术的不断发展，极大地推动了不同学科的交叉与渗透，推进了工程领域的技术革命。在机械工程领域，由于电子技术和计算机技术的快速发展及其向机械工业的渗透形成的光机电一体化，使机械工业的技术结构、产品机构、功能与构成发生了巨大变化，使工业生产由"机械电气化"迈入了以"光机电一体化"为特征的发展阶段。通过学习该任务，我们要掌握光机电一体化技术的发展历程及未来的发展方向。

1.1.2 知识链接一

1.1.2.1 光机电一体化的概述

光机电一体化是在机构的主功能、动力功能、信息处理功能和控制功能上引进电子技术，将机械装置与电子化设计及控制软件结合起来构成的系统的总称。

光机电一体化发展至今已成为一门有着自身体系的新型学科，其综合运用机械技术、微电子技术、自动控制技术、信息技术、传感测控技术以及软件编程技术等群体技术，组成一个光机电一体化系统或光机电一体化产品。因此，"光机电一体化"涵盖"技术"和"产品"两个方面。光机电一体化技术是基于上述群体技术有机融合的一种综合技术，而不是机械技术、微电子技术以及其他新技术的简单组合、拼凑。具有智能化的特征是光机电一体化与机械电气化在功能上的本质区别。

图 1-1-1 所示是一套典型的光机电一体化设备，其包括电动机、变频器、传感器、气动元件、PLC 控制器、触摸屏、开关和指示灯等模块。

图 1-1-1 典型光机电一体化设备

1.1.2.2 光机电一体化的发展状况

（1）光机电一体化的发展大体可以分为 3 个阶段。20 世纪 60 年代以前为第一阶段，这一阶段称为初级阶段。在这一时期，人们自觉不自觉地利用电子技术的初步成果来完善机械产品的性能。特别是在第二次世界大战期间，战争刺激了机械产品与电子技术的结合，这些机电结合的军用技术，战后转为民用，对战后经济的恢复起了积极的作用。那时研制和开发从总体上看还处于自发状态。由于当时电子技术的发展尚未达到一定水平，机械技术与电子技术的结合还不可能广泛和深入发展，已经开发的产品也无法大量推广。

（2）20 世纪 70~80 年代为第二阶段，可称为蓬勃发展阶段。这一时期，计算机技术、控制技术、通信技术的发展为光机电一体化的发展奠定了技术基础。大规模、超大规模集成电路和微型计算机的迅猛发展，为光机电一体化的发展提供了充分的物质基础。图 1-1-2 所示是一台第二阶段光机电一体化设备。

图 1-1-2 第二阶段光机电一体化设备

（3）20 世纪 90 年代后期，开始了光机电一体化技术向智能化方向迈进的新阶段，光机电一体化进入深入发展时期。一方面，光学、通信技术等进入了机电一体化，微细加工技术也在机电一体化中崭露头角，出现了光机电一体化和微机电一体化等新分支；另一方面，对光机电一体化系统的建模设计、分析和集成方法，使光机电一体化的学科体系和发展趋势都不断深入。同时，由于人工智能技术、神经网络技术及光纤技术等领域取得的巨大进步，为光机电一体化技术开辟了发展的广阔天地。这些研究，将促使光机电一体化进一步建立完整的基础和逐渐形成完整的科学体系。图 1-1-3 所示是一个第三阶段光机电一体化系统的拓扑图。

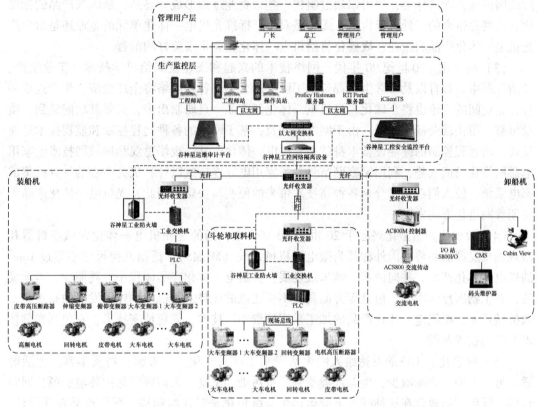

图 1-1-3　第三阶段光机电一体化系统

1.1.2.3　光机电一体化的发展趋势

光机电一体化是集机械、电子、光学、控制、计算机、信息等多交叉综合学科，它的发展和进步依赖并促进相关技术的发展和进步。因此，机电一体化的主要发展方向如下：

（1）智能化。智能化是 21 世纪光机电一体化技术发展的一个重要发展方向。人工智能在光机电一体化建设者的研究日益得到重视，机器人与数控机床的智能化就是重要应用。这里所说的"智能化"是对机器行为的描述，是在控制理论的基础上，吸收人工智能、运筹学、计算机科学、模糊数学、心理学、生理学和混沌动力学等新思想、新方法，模拟人类智能，使它具有判断推理、逻辑思维、自主决策等能力，以求得到更高的控制目标。诚然，使光机电一体化产品具有与人完全相同的智能是不可能的，也是不必要的。但是，高性能、高速的微处理器使光机电一体化产品赋有低级智能或人的部分智能，是完全可能而又必要的。

（2）模块化。模块化是一项重要而艰巨的工程。由于光机电一体化产品种类和生产厂家繁多，研制和开发具有标准机械接口、电气接口、动力接口、环境接口的光机电一体化产品单元是一项十分复杂但又是非常重要的事。如研制集减速、智能调速、电机于一体的动力单元，具有视觉、图像处理、识别和测距等功能的控制单元，以及各种能完成典型操作的机械装置。这样，可利用标准单元迅速开发出新产品，同时也可以扩大生产规模。这需要制定各项标准，以便各部件、单元的匹配和接口。由于利益冲突，近期很难制定国际或国内这方面的标准，但可以通过组建一些大企业逐渐形成。显然，从电气产品的标准化、系列化带来的好处可以肯定，无论是对生产标准光机电一体化单元的企业还是对生产光机电一体化产品的企业，规模化将给机电一体化企业带来美好的前程。

（3）网络化。20 世纪 90 年代，网络技术的兴起和飞速发展给科学技术、工业生产、政治、军事、教育以及日常生活都带来了巨大的变革。各种网络将全球经济、生产连成一片，企业间的竞争也将全球化。光机电一体化新产品一旦研制出来，只要其功能独到、质量可靠，很快就会畅销全球。由于网络的普及，基于网络的各种远程控制和监视技术迅速发展，而远程控制的终端设备本身就是光机电一体化产品。现场总线和局域网技术使家用电器网络化已成大势，利用家庭网络将各种家用电器连接成以计算机为中心的计算机集成家电系统，使人们在家里分享各种高技术带来的便利与快乐。因此，光机电一体化产品无疑朝着网络化方向发展。

（4）微型化。微型化兴起于 20 世纪 80 年代末，指的是光机电一体化向微型机器和微观领域发展的趋势。国外称其为微电子机械系统（MEMS），泛指几何尺寸不超过 $1cm^2$ 的机电一体化产品，并向微米、纳米级发展。微机电一体化产品体积小、耗能少、运动灵活，在生物医疗、军事、信息等方面具有不可比拟的优势。微机电一体化发展的瓶颈在于微机械技术，微机电一体化产品的加工采用精细加工技术，即超精密技术，它包括光刻技术和蚀刻技术两类。

（5）绿色化。工业的发达给人们生活带来了巨大变化。一方面，物质丰富，生活舒适；另一方面，资源减少，生态环境受到严重污染。于是，人们呼吁保护环境资源，回归自然。绿色产品概念在这种呼声下应运而生，绿色化是时代的趋势。绿色产品在其设计、制造、使用和销毁的生命过程中，符合特定的环境保护和人类健康的要求，对生态环境无害或危害极少，资源利用率极高。设计绿色的光机电一体化产品，具有远大的发展前途。光机电一体化产品的绿色化主要是指使用时不污染生态环境，报废后能回收利用。

（6）系统化。系统化的表现特征之一就是系统体系结构进一步采用开放式和模式化的总线结构。系统可以灵活组态，进行任意剪裁和组合，同时寻求实现多子系统协调控制和综合管理。未来的光机电一体化更加注重产品与人的关系，光机电一体化的人格化有两层含义。一层是，光机电一体化产品的最终使用对象是人，如何赋予光机电一体化产品人的智能、情感、人性显得越来越重要，特别是对家用机器人，其高层境界就是人机一体化；另一层是模仿生物机理，研制各种光机电一体化产品。

如图 1-1-4 所示，只有使用了智能化、模块化、网络化、微型化、绿色化、系统化光机电一体化设备，工厂才能称为智能工厂。

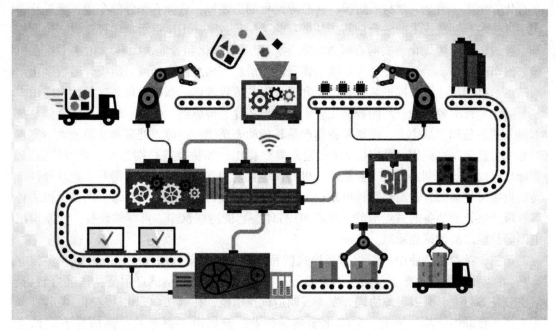

图 1-1-4　智能工厂

1.1.3　知识链接二

1.1.3.1　光机电一体化技术在我国的现状

用信息化带动工业化是我国 21 世纪的一项重大战略举措。信息化是由计算机与互联网生产工具的革命所引起的工业经济转向信息经济的一种社会经济过程。在信息化和工业化的关系问题上，有两种极端的观点。

一种观点认为：我国的工业化水平很低，必须坚守传统产业，把注意力放在工业化上；我国在信息技术的开发领域和应用领域与发达国家都存在巨大差距，过分强调信息化，必然会产生泡沫经济。

另一种观点认为：信息化与工业化没有必然联系；必须紧跟时代步伐，放弃夕阳工业，大力发展信息产业这种朝阳产业。

1.1.3.2　光机电一体化技术在我国的前景

国务院印发的《中国制造 2025》部署全面推进实施制造强国战略，是我国实施制造强国战略第一个十年的行动纲领。《中国制造 2025》的主攻方向是智能制造，工业和信息化部印发了《2015 年智能制造试点示范专项行动实施方案》（以下称《实施方案》），决定自 2015 年启动实施智能制造试点示范专项行动，以促进工业转型升级，加快制造强国建设进程。

根据《实施方案》，将分类开展流程制造、离散制造、智能装备和产品、智能制造新业态新模式、智能化管理、智能服务等 6 方面试点示范专项行动。

第一，针对生产过程的智能化，主要涉及流程制造和离散制造。根据《实施方案》，在石化、化工、冶金、建材、纺织、食品等流程制造领域，选择有条件的企业，推进新一代信息技术与制造技术的融合创新，开展智能工厂、数字矿山试点示范项目建设，全面提升企业的资源配置优化、实时在线优化、生产管理精细化和智能决策科学化水平；在机械、汽车、航空、船舶、轻工、家用电器及电子信息等离散制造领域，组织开展数字化车间试点示范项目建设，推进装备智能化升级、工艺流程改造、基础数据共享等试点应用。

第二，针对装备和产品的智能化。也就是把芯片、传感器、仪表、软件系统等信息技术嵌入到装备和产品中去，使得装备和产品具备动态感知、存储、处理和反馈能力，实现产品的可追溯、可识别、可定位。《实施方案》提出，加快推进高端芯片、新型传感器、智能仪器仪表与控制系统、工业软件、机器人等智能装置的集成应用，提升工业软硬件产品的自主可控能力，在高档数控机床、工程机械、大气污染与水治理装备、文物保护装备等领域开展智能装备的试点示范，开展3D打印、智能网联汽车、可穿戴设备、智能家用电器等智能产品的试点示范。

第三，针对制造业中的新生态新模式的智能化，即工业互联网方向。根据《实施方案》，在家用电器、汽车等与消费相关的行业，开展个性化定制试点示范；在电力装备、航空装备等行业，开展异地协同开发、云制造试点示范；在钢铁、石化、建材、服装、家用电器、食品、药品、稀土、危险化学品等行业，开展电子商务及产品信息追溯试点示范。

第四，针对管理的智能化。在物流信息化、能源管理智慧化上推进智能化管理试点，从而将信息技术与现代管理理念融入企业管理。物流信息化试点示范，主要是指加快无线射频识别（RFID）、自动导引运输车（AGV）等新型传感、识别技术的推广应用。

第五，针对服务的智能化。移动互联网蓬勃发展，开放、去中心化的互联网思维已经潜移默化到各行各业，用户的需求更加多元化。根据《实施方案》，在工程机械、输变电、印染、家用电器等行业，开展在线监测、远程诊断、云服务及系统解决方案试点示范。工信部电子信息司副司长安筱鹏认为，服务的智能化，既体现为企业如何高效、准确、及时挖掘客户的潜在需求并实时响应，也体现为产品交付后对产品实现线上线下（O2O）服务，实现产品的全生命周期管理。两股力量在服务的智能化方面相向而行，一股力量是传统的制造企业不断拓展服务业务，一股力量是互联网企业从消费互联网进入到产业互联网。

综上所述，未来的几十年，必定是我国制造业由大变强的几十年，是光机电一体化设备快速增长的几十年，也是大量需求机电一体化设备技术服务人员的几十年。

1.1.4　知识检测

填空题

（1）光机电一体化综合运用（　　）、（　　）、（　　）、（　　）以及（　　）等群体技术，成为一个光机电一体化系统或光机电一体化产品。

（2）光机电一体化的发展大体可以分为3个阶段。（　　）为第一阶段，这一阶段称为初级阶段。

（3）20世纪90年代后期，光学、通信技术等进入了机电一体化，微细加工技术也在机电一体化中崭露头角，出现了（　　　）和（　　　）等新分支；另一方面对光机电一体化系统的（　　　）、（　　　）和（　　　），使光机电一体化的学科体系和发展趋势不断深入。

（4）机电一体化的主要发展方向是（　　　）、（　　　）、（　　　）、（　　　）、（　　　）及（　　　）。

（5）用（　　　）带动工业化是我国 21 世纪的一项重大战略举措。

（6）国务院印发的（　　　）部署全面推进实施制造强国战略，是我国实施制造强国战略第一个十年的行动纲领。

（7）《中国制造 2025》的主攻方向是（　　　）。

任务 1.2　陶瓷企业应用光机电一体化设备现状

项目教学目标

知识目标：

（1）了解陶瓷光机电一体化设备（以下简称：陶瓷机电设备）的分类；

（2）了解我国陶瓷机电设备的发展历程。

技能目标：

（1）能介绍几种陶瓷机电设备的作用；

（2）能介绍几家国内陶瓷机电设备厂商的代表产品。

素质目标：

具有资料检索能力、学习能力和沟通交流能力。

知识目标

1.2.1　任务描述

陶瓷机电设备是陶瓷工业生产过程中的机械设备。陶瓷机电设备有助于品种的开发、产量的增加、质量的提高、产品成本的降低及劳动生产率的提高。陶瓷机电设备可促进陶瓷行业的发展，陶瓷行业的发展促进了光机电一体化设备的进步，两者相辅相成。通过学习该任务，掌握陶瓷机电设备的分类、设备的自动化程序以及设备的使用情况。

1.2.2　知识链接一

1.2.2.1　陶瓷机电设备的分类

A　按主要用途分类

陶瓷机电设备按其生产过程中的主要用途可划分为十大类。

（1）原料开采、加工、精选设备；

（2）原料的制备设备；

（3）成形机械，包括成形、干燥、修坯用的设备；

（4）施釉、装饰、彩印等艺术加工设备；

（5）煅烧设备，包括制品的素烧、釉烧、烤花、补重烧等；

（6）制品的深加工设备，如磨底、抛光、磨平、切割等；

（7）专业辅助件（如模具、窑具）生产设备；

（8）包装设备；

（9）原料与制品质量检测设备；

（10）通用配套设施，如燃料、水电供应设施，称量计量设备，运输机，风机，空气压缩机，真空泵等。

B　按设备的来源和使用特性分类

陶瓷机电设备按其来源和使用特性可分为三大类。

（1）行业专业设备。如滚压成形机、行列式微压注浆机、全自动压砖机等。

（2）行业通用设备。如球磨机、泥浆泵、辊道窑等。

（3）通用设备。是指在各行业都能选用的机械设备，如皮带运输机、空气压缩机等。

1.2.2.2　陶瓷机电设备的现状和发展方向

改革开放以来，我国的陶瓷工业由小变大，由弱变强，工艺、技术、机电设备水平都得到了快速发展，取得了令世人瞩目的成绩，已成为世界陶瓷生产的超级大国。

陶瓷机电设备是生产陶瓷制品的工具，用之于陶瓷工业，依赖于陶瓷工业，同时又相互推动发展。由于陶瓷工业不断推陈出新，需要大量先进的机电设备；也正由于陶瓷机电设备技术的进步，才能为陶瓷企业提供一大批价廉质优的先进机电设备，促进了我国陶瓷企业的迅猛发展。

A　中国陶瓷机电设备工业发展与现状

a. 行业发展概况

20 世纪七八十年代，当时的轻工部对各主要陶瓷机械厂进行了大规模的技术改造和扩建工作。通过多次的整合和技术改造，出现了佛山市陶瓷机械总厂、唐山轻工业机械厂、湖南省轻工业机械厂、淄博陶瓷机械厂、景德镇陶瓷机械厂、醴陵陶瓷机械厂、宜兴陶瓷机械厂等七家具有较强实力的陶瓷机电设备制造企业；此外还有一些规模小、技术力量薄弱的小型陶瓷机电设备制造的专业厂家。据不完全统计，到 1990 年，国内专业生产陶瓷机械的厂家已达 60 多家，从业职工达 35000 多人。他们为中国陶瓷工业的快速发展，为中国陶瓷机电设备的现代化做出了较大的贡献。

在这期间我国完成了原料制备、陶瓷成形机电设备的引进消化吸收工作，推出了一批先进优良的陶瓷机电设备，还远销亚、非、欧等 20 个国家和地区，这个时期是国产陶瓷机械制造厂最辉煌的时期。生产的主要品种有 15t 以下的各种球磨机、喷雾干燥塔、滚压成形机、手动摩擦压砖机等，这是中国陶瓷机械制造业的第一个发展阶段。图 1-2-1 所示是一台陶瓷应用较广泛的球磨机。

我国的建筑卫生陶瓷工业发展迅速，已发展成为世界最大的建筑陶瓷墙地砖生产国。正是建筑陶瓷行业的高速发展，引发了对建筑卫生陶瓷机电设备的强劲需求，带动了建筑陶瓷机电设备企业的迅速成长，形成了佛山建筑陶瓷机电设备产业基地，仅佛山的陶瓷机械生产企业就有 200 余家。这是中国陶瓷机械制造业的第二个发展阶段。

图 1-2-1　球磨机

b. 中国陶瓷机电设备的技术进步

中国陶瓷机械的发展，走的是引进消化、吸收、仿制—独立创新开发的道路。到目前为止，在某些方面已实现了由"抄"到"超"的跨越。陶瓷工业使用的机械设备已经基本实现了国产化，特别是建筑陶瓷机电设备的技术水平已接近国际先进水平，基本完成了原料制备、成形、烧成、装饰、砖坯深加工等机械设备的设计和制造。除可以满足国内建筑陶瓷厂的需求外，这些年已开始批量出口到东南亚、中东、南美等国家和地区，实现了陶瓷机电设备从进口到出口的跨越。

（1）原料制备机械设备。主要是球磨机、喷雾干燥塔、陶瓷柱塞泵等，图 1-2-2 所示是陶瓷企业生产线上的油压陶瓷柱塞泥浆泵，技术水平已达国际先进水平。间隙式球磨机从原来仅制造 8t 以下，发展到能够制造 30t、50t、100t 的球磨机，连续式球磨机技术已通过科技部的鉴定。

图 1-2-2　油压陶瓷柱塞泥浆泵

（2）成形机械。建筑陶瓷的成形关键设备——全自动液压压砖机，在 20 世纪 80 年代中期前，我国不能制造，完全依靠从意大利、德国、日本等国进口，以满足当时国内建筑陶瓷企业的需求。从 1989 年由佛山市恒力泰机械有限公司制造的第一台 6001 压砖机通过鉴定，到目前为止，经历了 30 年的发展，实现了从无到有，从小到大，从弱到强的迅速发展，吨位从 6001 到 7800 多种规格型号。从控制系统的模拟控制发展到目前的全数字控制，我国压砖机的技术水平已达到世界先进水平，已成为世界陶瓷液压压砖机的生产大国。这些年经过自主创新，实施产、学、研相结合战略，不断增强了企业的创新能力，保证国产压机的可持续发展，我国的压机受到国内外客户的青睐。图 1-2-3 所示是陶瓷企业生产线上的全自动液压压砖机。

图 1-2-3　全自动液压压砖机

（3）瓷砖深加工和装饰机械。1992 年中国第一台磨边机、1994 年中国第一台刮平定厚机、1995 年中国第一台抛光机相继在科达公司诞生，标志着国产磨边抛光生产线已步入国产化的快速轨道。1996 年国产的抛光线开始大量替代进口产品。由于国产抛光线技术水平已具有国际先进水平，且具有良好的性价比，不但在国内市场中占有绝对的市场份额，而且在 2000 年就开始批量出口到东南亚、中东、南美等国家和地区。此外，国内一些中小型陶瓷机械厂家开发了连续切砖机、圆弧抛光机、水刀等系列产品，满足了生产具有个性化产品的需求。图 1-2-4 所示是陶瓷企业生产线上的磨边机。

图 1-2-4　磨边机

为满足建筑陶瓷产品时装化、空间化、艺术化、自然化、个性化的需求，对砖坯进行装饰，已成为建筑陶瓷生产工序中一个重要环节，也是提高产品档次的重要途径，因此产生了一些专业生产装饰机械的厂家。开发的机械设备有平面丝网印刷机、辊筒印刷机、胶辊印刷机等，有釉抛机、柔抛机、抛坯机等，近年来开发了喷墨打印机。图 1-2-5 所示是某陶瓷企业的喷墨打印车间。

图 1-2-5　喷墨打印车间

B　陶瓷机电设备的发展方向

当前，我国陶瓷机械制造业已形成一定的规模，但整体技术水平低、能耗高，因此，要积极采用先进适用的信息技术改造传统产业，推动经济方式的转变，加快新产品的开发与产品的升级换代，提高产品质量、降低能耗；加强创新设计，形成一批具有自主知识产权的产品，增强国际竞争力。

1.2.3　知识检测

填空题

（1）陶瓷机电设备按其来源和使用特性可分为三大类，分别是（　　　　）、（　　　　）、（　　　　）。

（2）在 20 世纪七八十年代，陶瓷企业生产的主要品种有（　　　　）t 以下的各种球磨机、（　　　　）、（　　　　）、（　　　　）等，这是我国陶瓷机械制造业的第一个发展阶段。

（3）我国陶瓷机械的发展，走的是（　　　　）、（　　　　）、（　　　　）到（　　　　）的道路。

（4）原料制备机械设备主要包括（　　　　）、（　　　　）、（　　　　）等。

（5）从 1989 年由佛山市恒力泰机械有限公司制造的第一台（　　　　）压砖机通过鉴定，到目前为止，经历了 20 多年的发展，实现了从无到有，从小到大，从弱到强的迅速发展，吨位从（　　　　）到（　　　　）多种规格型号。

（6）国内一些中小型陶瓷机械厂家开发了（　　　　）、（　　　　）、（　　　　）等系列产品，满足了生产个性化产品的需求。

（7）为满足建筑陶瓷产品时装化、空间化、艺术化、自然化、个性化的需求，对砖坯进行装饰，近年来使用较多的设备是（　　　　）。

任务 1.3　陶瓷企业安全生产注意事项

项目教学目标

知识目标：
(1) 了解陶瓷企业安全生产的重要性；
(2) 掌握陶瓷企业安全生产的注意事项。
技能目标：
(1) 能介绍人身安全事故的防范措施；
(2) 能介绍陶瓷生产设备安全事故的防范措施。
素质目标：
树立安全意识、形成良好的安全生产行为习惯。

知识目标

1.3.1　任务描述

　　近年来，陶瓷企业自动化程度日益提高，但仍存在从业人员的文化素质普遍较低、劳动强度大、生产环境恶劣等问题，严重影响了生产操作者的身体健康及陶瓷企业的安全生产。生产过程中稍有疏忽，就会造成人员伤亡或生产设备的损坏等安全生产事故，在实践生产中也是屡见不鲜的。因此，如何做好陶瓷企业的安全生产及其管理工作，最大限度地减少或杜绝安全生产事故的发生，对提高陶瓷企业的经济效益等具有非常重要的意义。

1.3.2　知识链接一

1.3.2.1　陶瓷企业安全生产的重要性

　　(1) 安全生产是陶瓷企业发展的重要保障，这是在生产经营中贯彻的一个重要理念。只有抓好自身安全生产、保一方平安，才能促进社会大环境的稳定，进而也为陶瓷企业创造良好的发展环境。

　　(2) 安全生产是陶瓷企业文化建设的重要组成部分。安全是人类最重要、最基本的需求，是人的生命与健康的基本保证，一切生活、生产活动都源于生命的存在。如果人失去了生命，生存就无从谈起，生活也就失去了意义。如果人因为事故而残疾，因为职业危害而身患职业病，人们的生活质量肯定就会大大地降低。

　　总之，"安全第一"是一个永恒的主题。陶瓷企业只有安全地发展才是健康的发展、和谐的发展。因此，抓好安全工作，尤为重要。

1.3.2.2　陶瓷企业安全生产相关措施

　　A　人身安全事故的防范

　　(1) 在生产实践中，设备的传动、旋转、电力拖动等都有可能危及人身安全，需要预先做好防范措施，比方说，喷雾塔的防火、电气设备的漏电保护，浆池口加装拦网，旋转的球磨机加装防护栏，传动的马达、链条、齿轮加装防护罩，转动的皮带加装防护棚等等，凡是运转着的设备都应加装良好的防护措施，以防运行设备对人体造成意外的伤害。如图 1-3-1 所示。

图 1-3-1　电机及链条加装防护罩

（2）广大员工在工作中要熟悉周围的工作环境和运行设备是否正常，以达到自我保护的目的，原料车间有可能危及人身安全的运行设备主要包括以下方面：

1）喂料机铲料时注意铲车的运行，运送料时注意链板的传动；

2）球磨机入料口注意防止跌落，吊机吊物时注意防止碰撞，球磨机旋转时注意离心力；

3）滚动的输送带、传动的链条、旋转的齿轮、电力的拖动等注意运行的方向；

4）喷物塔开塔时注意燃料油的数量和存在的方位，旋转的风机、马达的风力以及燃烧时的火焰的状况和位置等；

5）注意浆池口碟阀柄、送浆管道等的碰撞、跌落、绊脚等；

6）楼梯、粉箱口等的跌落；

7）注意供给设备运转的电缆、电器、开关等的保护。以上生产环境，都有造成人身伤害的可能性，那么，在生产实践操作中，我们对以上环境因素就要加以注意，提高个人人身安全的警觉性。

（3）员工在工作中要着装整齐。既保持个人的良好形象，又给自己的安全带来可靠的保证，坚决杜绝上班期间穿拖鞋、短裤、背心等情况发生，女工上班期间一定要戴好安全帽或防护帽，将发辫束于帽内，这些规定，并不是限制个人人身自由的行为，而是更好地保障劳动者在生产中不受伤害的强制性规定。比如说穿拖鞋上班时，不小心将脚趾碰伤，将脚背砸伤或者走路时被绊撞而跌伤；穿短裤、背心时在工作中有可能腿部肌肉被划伤，背部被擦伤等，如女工的发辫被传动设备带入或被其他物件挂住等等，以上情况都有可能造成人身伤害事故，但若我们严格遵守以上穿戴规定，则最起码多了一层衣物、鞋帽的保护，人在突发事故中所受的伤害程度要减轻许多，这也变相地保护了我们的人身安全。如图 1-3-2 所示，为员工在生产过程中的着装标准。

（4）严禁醉酒和严重疲劳上岗。处于这两种状态时，大脑皮层对外界事物的刺激相对比较麻木迟钝，有些问题明明在自己的意识深处是能够避免的，但由于手脚不听大脑指挥，则可能导致悲剧的发生，比方说，醉酒后或过度疲劳后明知地面泥料太多、地面很

图 1-3-2　安全防护用品佩戴示意图

滑，也知道迈脚跨越时得小心谨慎，可手脚不听使唤，以致滑倒摔跤，轻则摔得浑身疼痛，重则手、脚、头或者背部撞在铁角上或其他物件的凸出部位，造成严重的伤害，或者过于疲惫时，对周围环境的感知极端模糊，或不慎跌入浆池、撞上旋转的球磨体机、绞入转动的传动带等等，轻则断手断臂，重则丧失性命。

（5）严格按操作规程办事。比如说，空压机、发电机、低压送电和高压送电等的操作流程，机修工电焊、风割、高空作业等操作流程，如图 1-3-3 所示。一个闪失都有可能造成人身安全事故。

（6）严格挂牌操作制度。在设备的检修安装调试的过程中，对电源开关处必须挂牌，以防误操作造成人身安全事故，比方说，在清理浆池、维修搅拌器、清洗打磨机等设备时，一定要将电源开关、空气开关、断路器等关断后并挂上"有人操作，严禁合闸"的牌子。如图 1-3-4 所示。

（7）上班期间严禁嬉戏、打闹、看书报等。这些活动在进行时都相对减弱了人对周围环境的感知力，也有可能造成人身安全事故。

　　B　设备安全事故的防范

在设备保养过程中，对设备存在事故可能产生的部位，存在的隐患等做出必要且翔实的排查和记录，并在生产中及时维修整改，既能保障生产的畅顺进行，也能消除设备事故发生的可能性，如图 1-3-5 所示。

（1）设备的巡检。对运行中的设备，进行全方位的跟踪检查，根据听声音、辨颜色

图 1-3-3　各项工作操作规程

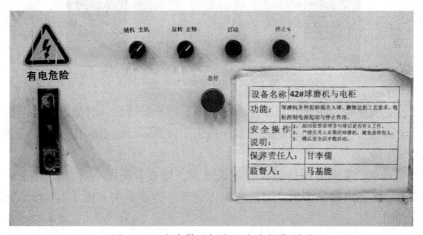

图 1-3-4　安全警示标志及安全操作说明

及比较与平常运行中的相同和不同之处，从而及早地发现问题、解决问题，确保无设备事故发生。

（2）设备的点检制度。对开启运行前的设备，重点检查润滑、传动、交接头、啮合等部位，发现磨损、断裂、脱机等，现场即时进行维修整改，保障投入生产后的正常运行，从而降低设备事故发生的可能性。如图 1-3-6 所示，为陶瓷生产厂内设备每日点检表。

（3）运转后的设备检修制度。生产作业完成后，在设备停止运行之前，全线跟踪检

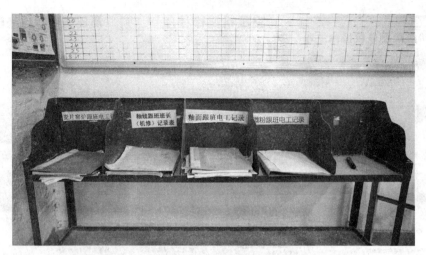

图 1-3-5　各工段工作记录表

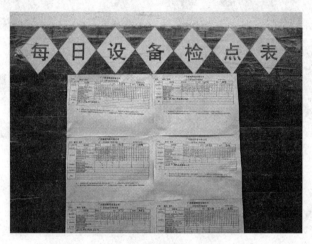

图 1-3-6　每日设备点检表

查运行情况，鉴别异同，并对异常部位做好记录，停止运行后，对整点部位润滑、焊修等重点维修，全面清洁保养，从而更进一步加强生产设备运行的正常化过程，并进一步降低设备事故的发生率。

（4）设备的安全使用防范措施。比方说防火、防盗、防漏电等防护工作，既保证了人身安全不受伤害，又保证了生产设备和集体财产不遭受损失。图 1-3-7 所示为消防用具及其摆放分布图。

1.3.3　知识检测

1.3.3.1　填空题

（1）在生产实践中，设备的传动、旋转、电力拖动等都有可能危及人身安全，我们都要预先做好防范措施，比方说，喷雾塔的防火、电气设备的（　　　），浆池口加装拦网，旋转的球磨机加装（　　　），传动的马达、链条、齿轮加装（　　　），转动的皮

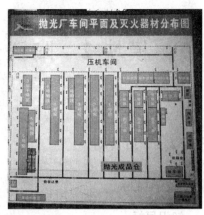

图 1-3-7　消防用具及其分布图

带加装（　　　　）等等。

（2）员工在工作中要着装整齐，坚决杜绝上班期间穿（　　　）、（　　　）、（　　　）等情况发生，女工上班期间一定要戴好（　　　　），将发辫束于（　　　　）。

（3）上班期间严禁（　　　）、（　　　）、（　　　）等。

（4）对开启运行前的设备，重点检查（　　　）、（　　　）、（　　　）、（　　　）等部位，发现（　　　）、（　　　）、（　　　）等，现场即时进行维修整改，保障投入生产后的正常运行，从而降低设备事故发生的可能性。

1.3.3.2　问答题

简述陶瓷企业安全生产的重要性。

模块 2　陶瓷企业常用机械传动方式

任务 2.1　带传动

项目教学目标

知识目标：
(1) 了解带传动在陶瓷企业的典型应用；
(2) 了解带传动的类型及特点；
(3) 了解带传动的工作原理；
(4) 了解 V 带的型号及选用方法、带轮的结构。

技能目标：
(1) 掌握带传动的实效形式；
(2) 掌握带传动的张紧装置；
(3) 掌握带传动的安装、使用和维护。

素质目标：
具有学习能力、分析故障和解决问题能力。

知识目标

2.1.1　任务描述

　　带传动是一种应用广泛的机械传动方式，具有结构简单、传动平稳、能缓冲吸振、可以在大的轴间距和多轴间传递动力、造价低廉、不需润滑、维护容易等特点，在陶瓷企业生产设备中被广泛使用。本任务主要是学习带传动的分类、特点、工作原理、失效形式、张紧装置及其安装、使用和维护。

2.1.2　带传动在陶瓷企业的典型应用

　　带传动具有结构简单、传动平稳、能缓冲吸振、可以在大的轴间距和多轴间传递动力、造价低廉、不需润滑、维护容易等特点，在陶瓷企业使用设备中应用十分广泛。图2-1-1 所示是皮带传动在颚式破碎机中的应用，图 2-1-2 所示是皮带传动在球磨机中的应用，图 2-1-3 所示是皮带传动在爬坡输送带中的应用，图 2-1-4 是皮带传动在快拉机中的应用。

2.1.3　带传动的分类和特点

　　带传动一般由主动带轮、从动带轮、传动带及机架组成。当主动轮转动时，通过带和

图 2-1-1 皮带传动在颚式破碎机中的应用

图 2-1-2 皮带传动在球磨机中的应用

图 2-1-3 带传动在爬坡输送带中的应用

带轮间的摩擦力，驱动从动轮转动并传递动力。

2.1.3.1 带传动的类型

带传动的类型见表 2-1-1。

图 2-1-4　带传动在陶瓷生产线的应用

表 2-1-1　带传动的类型

类型		图示	特　点		应用
摩擦型带传动	平带		结构简单,带轮制造方便;平带质轻且挠曲性好	传动过载时存在打滑现象,传动比不准确	常用于高速、中心距较大、平行轴的交叉传动与相错轴的半交叉传动
	V带		承载能力大,是平带的3倍,使用寿命较长		一般机械常用V带传动
	圆带		结构简单,制造方便,抗拉强度高,耐磨损、耐腐蚀、使用温度范围广,易安装,使用寿命长		常用于包装机,印刷机、纺织机等机器中
啮合型带传动	同步带		传动比准确,传动平稳,传动精度高,结构较复杂		常用于数控机床,纺织机械等传动精度要求较高的场合

A　按传动原理分

带传动按传动原理可分为摩擦型带传动和啮合型带传动。

(1) 摩擦型带传动如图 2-1-5 所示,传动带套紧在两个带轮上,带与带轮的接触使之间产生正压力,当主动轮旋转时,依靠传送带与带轮间的摩擦力实现传动;陶瓷企业设备 (图 2-1-1 ~ 图 2-1-4) 使用的带传动的类型均为摩擦型。

(2) 啮合型带传动如图 2-1-6 所示,主要靠传动带与带轮上的齿相互啮合来传递运动和动力,啮合型带传动除保持了摩擦型带传动的优点外,还具有传递功率大、传动比准确等优点,多用于如录音机、数控机床等要求传动平稳、传动精度较高的场合。

B　按用途分

按用途带传动可以分为传动型带传动和输送型带传动;传动型带传动用于传递动力,如图 2-1-1、图 2-1-2 所示均为这一类型应用;输送型带传动用于输送物品,如图 2-1-3、图 2-1-4 所示均为这一类型应用。

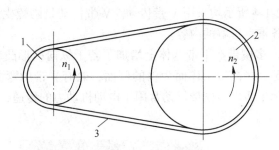

图 2-1-5 摩擦型带传动

1—带轮（主动轮）；2—带轮（从动轮）；3—传送带

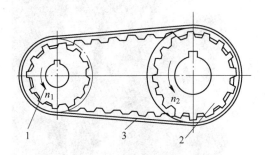

图 2-1-6 啮合型带传动

1—带轮（主动轮）；2—带轮（从动轮）；3—传送带

C 按传送带的类型分

（1）平带传动。平带是由多层胶帆布构成，其横截面形状为扁平矩形，工作面是与轮面相接触的内表面。平带结构简单，主要用于两轴平行、转向相同的较远距离的传动，图 2-1-7 所示为平带传动在陶瓷生产中的实际应用。

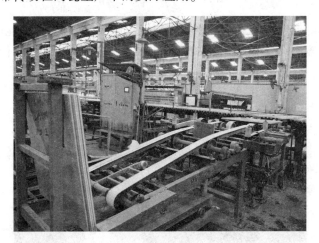

图 2-1-7 平带传动在陶瓷生产中的应用

（2）V 带传动。V 带的横截面形状为等腰梯形，工作面是与轮槽相接触的两侧面，V 带与底槽不接触。由于轮槽的楔形效应，预拉力相同时，V 带传动较平带传动能产生更大的摩擦力，可传递较大的功率，结构更紧凑。V 带传动在机械传动中应用最广泛，如图

2-1-1、图 2–1-2、图 2-1-4 所示均采用 V 带传动。V 带传动是陶瓷生产设备中最常用的带传动方式，也是本任务重点讲解的内容。

（3）多楔带传动。多楔带在平带基体上增加了若干纵向楔形凸起，兼有平带和 V 带的优点且弥补了其不足，多楔带工作面为楔的侧面，兼有平带的弯曲应力小和 V 带的摩擦力大的优点。在实际生活中多楔带传动常用于电动机动力的传递，比如汽车、健身器材等，如图 2-1-8 所示。

图 2-1-8 汽车发电机皮带

（4）圆带传动。圆带的截面为圆形，一般用皮革或棉绳制成，只能用于低速轻载的仪器或家用机械，如缝切机、小型仪器仪表等。图 2-1-9 所示为采用圆带传动的釉线输送带。

图 2-1-9 釉线的输送带

（5）同步带传动。同步带传动通过传动带内表面上等距分布的横向齿和带轮上的相应齿槽的啮合来传递运动。与摩擦型带传动比较，同步带传动的带轮和传动带之间没有相对滑动，能够保证严格的传动比。但同步带传动对中心距及其尺寸稳定性要求较高。

2.1.3.2 带传动的特点

带传动主要依靠摩擦力来传递动力，其优点如下：

(1) 带有良好的弹性，可缓和冲击和振动，传动平稳、噪声小。

(2) 过载时，带在带轮上打滑，对其他零件起安全保护作用。

(3) 结构简单，制造、安装和维护方便，成本较低。

(4) 能适应两轴中心距较大的场合。

带传动与其他传动方式相比，也有自身的缺点：

(1) 工作时有弹性滑动，传动比不准确，传动效率低。

(2) 外廓尺寸较大，结构不紧凑，带的寿命短，作用在轴上的力大。

(3) 带的使用寿命较短，不宜用于高温、易燃、易爆及有腐蚀介质的场合。

一般情况下，带传动的功率 $P \leqslant 100\text{kW}$，带速 $5\sim25\text{m/s}$，平均传动比 $i \leqslant 5$，传动效率为 $94\% \sim 97\%$。目前带传动所能传递的最大功率为 700kW，高速带的带速可达 60m/s。在多级传动系统中，通常将它置于高速级（直接与原动机相连），这样可起过载保护作用，同时可减少其结构尺寸和重量。

2.1.4 带传动的工作原理

带传动是以张紧在至少两轮上的带作为中间挠性件，靠带与带轮接触面间产生的摩擦力（啮合力）来传递运动和（或）动力。

2.1.4.1 带传送的受力分析

(1) 工作前。带张紧在带轮上，接触面产生正压力，带两边产生等值初拉力 F_0，如图 2-1-10 所示。

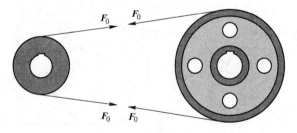

图 2-1-10 带传动的受力分析（工作前）

(2) 工作时。当带传递动力时，由于带与带轮之间的摩擦作用，带绕入主动轮一边的拉力由 F_0 增大到 F_1，称为紧边，F_1 为紧边拉力；带绕出主动轮一边的拉力由 F_0 减小到 F_2，称为松边，F_2 为松边拉力。如图 2-1-11 所示。

假设带的总长度不变，则紧边拉力的增量等于松边拉力的减量，即：

$$F_1 - F_0 = F_0 - F_2$$

松紧边拉力差即为带传动的有效圆周力 F，在数值上 F 等于任一带轮与带接触弧上的摩擦力的总和 F_f，即：

$$F = F_f = F_1 - F_2$$

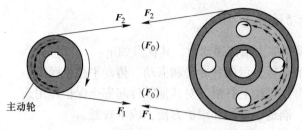

: 轮对带摩擦力　　　→ : 带对轮摩擦力

图 2-1-11　带传动的受力分析（工作时）

有效圆周力 $F(\mathrm{N})$、速度 $v(\mathrm{m/s})$ 和传递功率 $P(\mathrm{kW})$ 之间的关系为

$$P = \frac{F_e v}{1000}$$

式中：P——传递功率，kW；

　　　F_e——有效圆周力，N；

　　　v——带的速度，m/s。

从上式可以看出，当传递功率 P 一定时，有效拉力 F 与带速 v 成反比，所以通常将带传动置于机械传动系统的高速级。

2.1.4.2　小带轮的包角

包角指带与带轮接触弧所对应的圆心角。包角的大小反映了带与带轮轮缘表面间接触弧的长短。如图 2-1-12 所示，小带轮包角 α_1 越大，带能传递的功率越大。

$$\alpha_1 \approx 180° - \frac{(d_{d2} - d_{d1})}{a} \times 57.3°$$

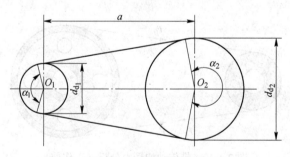

图 2-1-12　小带轮的包角

一般要求小带轮的包角 $\alpha_1 \geqslant 120°$，因大带轮包角比小带轮包角大，故仅计算小带轮的包角即可。

2.1.4.3　带的弹性滑动

由于带是弹性体，工作时会产生产生弹性变形。如图 2-1-13 所示，当带由紧边绕经主动轮进入松边时，它所受的拉力由 F_1 逐渐减小为 F_2，带因弹性变形变小而回缩，带的运动滞后于带轮，即带与带轮之间产生了局部相对滑动。导致带速低于主动轮的圆周速度。相对滑动同样发生在从动轮上，其使带的速度大于从动轮的圆周速度。这种由于带的

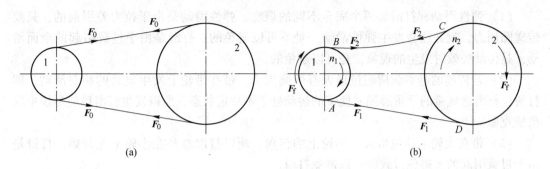

图 2-1-13 带的弹性滑动

（a）未工作时；（b）工作时的弹性滑动

弹性变形引起的带与带轮之间的局部相对滑动，称为弹性滑动。

弹性滑动和打滑是两个完全不同的概念，打滑是过载引起的，因此可以避免；而弹性滑动由于是带的弹性和拉力差引起的，是传动中不可避免的现象。

带的弹性滑动将引起如下结果：

（1）从动轮的圆周速度低于主动轮，传动比不准确；

（2）降低了传动效率；

（3）引起带的磨损，使带的使用寿命缩短；

（4）使带的温度升高；

（5）传递同样大的圆周力时，轮廓尺寸和轴上的压力都比啮合传动大。

2.1.4.4 带的打滑

当带传动的工作载荷超过了带与带轮之间摩擦力的极限值时，带与带轮间将发生全面滑动，从动轮转速急速下降，甚至停转，带传动失效，这种现象称为打滑。如图 2-1-14 所示。

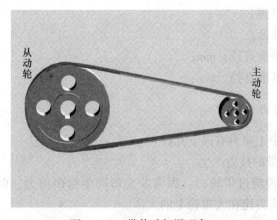

图 2-1-14 带传动打滑现象

打滑将造成带的严重磨损并使从动轮转速急剧降低，致使传动失效。带在大轮上的包角一般大于在小轮上的，所以打滑总是先在小轮上开始。

弹性滑动与打滑的区别：

(1) 弹性滑动和打滑是两个完全不同的概念。弹性滑动是由于拉力差引起的，只要传递圆周力，就必然会发生弹性滑动，是不可以避免的；打滑是由于过载引起的全面滑动，是传动失效时发生的现象，是可以避免的。

(2) 若传递的基本载荷超过最大有效圆周力，带在带轮上发生显著的相对滑动，即打滑，打滑造成带的严重磨损并使带的运动处于不稳定状态，所以发生打滑后应尽快采取措施克服。

(3) 带在大轮上的包角大于小轮上的包角，所以打滑总是在小轮上先开始，打滑是由于过载引起的，避免过载就可以避免打滑。

2.1.4.5 带传动的传动比计算

由于弹性滑动的存在，导致从动轮的圆周速度 v_2 小于主动轮的圆周速度 v_1，其速度的降低率用滑动率 ε 表示，即：

$$\varepsilon = \frac{v_1 - v_2}{v_1} = \frac{d_{d1} n_1 - d_{d2} n_2}{d_{d1} n_1}$$

由上式可得带传动的传动比为：

$$i = \frac{n_1}{n_2} = \frac{d_{d2}}{d_{d1}(1 - \varepsilon)}$$

从动轮的转速：

$$n_2 = \frac{n_1 d_{d1}(1 - \varepsilon)}{d_{d2}}$$

因带传动的滑动率通常为 0.01~0.02，在一般计算中可忽略不计，因此可得带传动的传动比为：

$$1 = \frac{n_1}{n_2} \approx \frac{d_{d2}}{d_{d1}}$$

式中　n_1——主动轮转速；

　　n_2——从动轮转速；

　　d_{d1}——主动轮基准直径，mm；

　　d_{d2}——从动轮基准直径，mm；

2.1.4.6 带的应力分析

带传动工作时，带上应力有以下几种：

(1) 拉应力。由带的拉力产生。

(2) 弯曲应力。带绕过带轮时，因弯曲变形产生弯曲应力。两个带轮直径不同时，带在小带轮的弯曲应力比在大带轮上的大。

(3) 离心应力。当带绕过带轮时，带随带轮轮缘做圆周运动，其本身的质量将引起离心力，由此引起离心应力存在于全部带长的各截面上。

由图2-1-15可见，传动带各截面上的应力随运动位置做周期性变化，各截面应力的大小用自该处引出的径向线（或垂直线）的长短来表示。

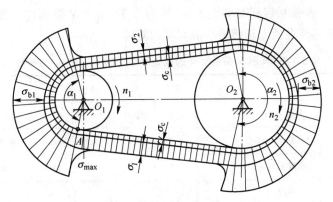

图 2-1-15　带工作时的应力分布情况

2.1.5　V 带传动

2.1.5.1　V 带的结构

V 形胶带简称 V 带或者三角带，是断面为梯形的环形传动带的统称，分特种带芯 V 带和普通 V 带两大类。

按其截面形状及尺寸可分为普通 V 带、窄 V 带、宽 V 带、多楔带等；按带体结构可分为包布式 V 带和切边式 V 带；按带芯结构可分为帘布芯 V 带和绳芯 V 带。主要应用于电动机和内燃机驱动的机械设备的动力传动。

V 带是传动带的一种。一般工业用 V 带有普通 V 带、窄 V 带和联组 V 带。

（1）标准普通 V 带都制成无接头的环形，其构造如图 2-1-16 所示。常见 V 带的横剖面结构由包布、顶胶、抗拉体、底胶等部分组成，按抗拉体结构可分为绳芯 V 带和帘布芯 V 带两种。帘布芯 V 带，制造方便，抗拉强度好；绳芯 V 带柔韧性好，抗弯强度高，适用于转速较高，载荷不大和带轮直径较小的场合。当 V 带受弯曲时，带中保持其原长度不变的周线称为节线，由全部节线构成节面。带的节面宽度称为节宽（b_d），V 带受纵向弯曲时，该宽度保持不变。

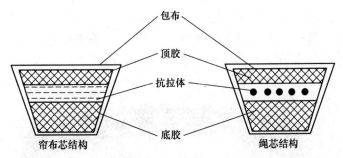

图 2-1-16　V 带的结构

（2）普通 V 带已标准化，其周线长度 L_d 为带的基准长度。

普通 V 带两侧楔角 ϕ 为 40°，相对高度约为 0.7，并按其截面尺寸的不同将其分为 Y、Z、A、B、C、D、E 七种型号。见表 2-1-2。

（3）当 V 带绕带轮弯曲时，在带中保持原长度不变的面称为节面，节面的宽度称为节宽，用 b_p 表示，普通 V 带相对高度 h/b_p 约为 0.7，h 为 V 带高度，如图 2-1-17 所示，V 带的节宽与带轮基准直径上轮槽的基准宽度相对应。

表 2-1-2　普通 V 带各型号的截面尺寸（GB/T 11544—1997）　　　　　（mm）

型号	Y	Z	A	B	C	D	E
顶宽 b/mm	6.0	10.0	13.0	17.0	22.0	32.0	38.0
节宽 b_p/mm	5.3	8.5	11.0	14.0	19.0	27.0	32.0
高度 h/mm	4.0	6.0	8.0	11.0	14.0	19.0	23.0
楔角/(°)	40						
每米质量 q/kg·m^{-1}	0.03	0.06	0.11	0.19	0.33	0.66	1.02

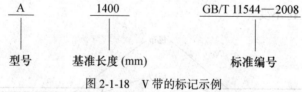

图 2-1-17　V 带的节面和节宽
b—顶宽；b_p—节宽；h—高度；α—楔角

（4）普通 V 带的标记由型号、基准长度和标准号 3 各部分组成。如图 2-1-18 所示，表示基准长度 L_d = 1400mm 的 A 型普通 V 带，其标记为 A 1400 GB/T 11544—2008。V 带的标记、制造年月和生产厂名通常压印在带的顶面，如图 2-1-19 所示。

A　　　　　　1400　　　　　　GB/T 11544—2008

型号　　　　　基准长度 (mm)　　　　　标准编号

图 2-1-18　V 带的标记示例

图 2-1-19　V 带的标记

2.1.5.2 V带轮

A V带轮的材料

带轮通常采用铸铁、钢、铝合金或工程塑料，灰铸铁应用最广。

当带速 5<v<25m/s 时，采用 HT150；

当 v=25~30m/s 时，采用 HT200；

当 v>30~45m/s 时，用球墨铸铁、铸钢或锻钢，也可采用钢板冲压后焊接成带轮。

小功率传动时，带轮可采用铸铝或塑料等材料。

B V带轮的结构

如图 2-1-20 所示，V带轮由轮缘1、轮辐2、轮毂3三部分组成。轮缘是安装传动带的部分，轮毂是与轴配合的部分，轮辐是连接轮缘和轮毂的部分。

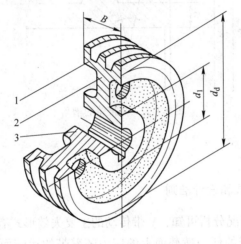

图 2-1-20 V带轮的结构

带轮的典型结构有四种：实心式（图 2-1-21（a））、腹板式（图 2-1-21（b））、孔板式（图 2-1-21（c））、轮辐式（图 2-1-21（d））。其结构形式可根据带轮基准直径的大小来选择。

(a)　　　　(b)　　　　(c)　　　　(d)

图 2-1-21 V带轮

为保证变形后 V 带仍能够与带轮的两侧面很好地接触，带轮的槽角一般小于带的楔角，一般为 32°、34°、36°和 38°。如图 2-1-22 所示，φ 表示槽角。

带轮的技术要求有：

（1）质量轻、结构工艺性好；

（2）无过大的铸造内应力；

（3）质量分布较均匀，转速高时要进行动平衡试验；

（4）轮槽工作面表面粗糙度要合适，以减少带的磨损；

（5）轮槽尺寸和槽面角保持一定的精度，以使载荷沿高度方向分布。

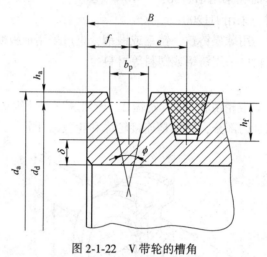

图 2-1-22　V 带轮的槽角

技能目标

2.1.6　带传动的失效形式和设计准则

根据带传动的工作情况分析可知，V 带传动的主要失效形式有以下几种：

（1）带疲劳断裂。带的任一横截面上的应力随着带的运转而循环变化。当应力循环达到一定次数，即运行一定时间后，带在局部出现疲劳裂纹脱层，随之出现疏松状态甚至断裂，从而发生疲劳损坏，丧失传动能力。

（2）打滑。当工作外载荷超过带传动的最大有效拉力时，带与小带轮沿整个工作面出现相对滑动，不能传递运动和拉力，导致传动打滑失效。

（3）带的工作面磨损。由于带的弹性滑动和打滑，带与带轮之间存在相对滑动，使带的工作面磨损。

因此，带传动的设计准则是：既要在工作中充分发挥其工作能力，又不打滑，同时还要求传动带有足够的疲劳强度，以保证一定的使用寿命。即在不打滑的前提下，带具有一定的疲劳强度和寿命。

2.1.7　带传动的张紧方法

由于传动带的材料不是完全的弹性体，因而带在工作一段时间后会发生塑性伸长而松弛，使张紧力降低。为了保证带传动的能力，应定期检查张紧力的数值，发现不足时，必须重新张紧，才能正常工作。因此，带传动需要有重新张紧的装置。张紧装置分定期张紧、自动张紧和采用张紧轮装置三种。如图 2-1-23 所示。

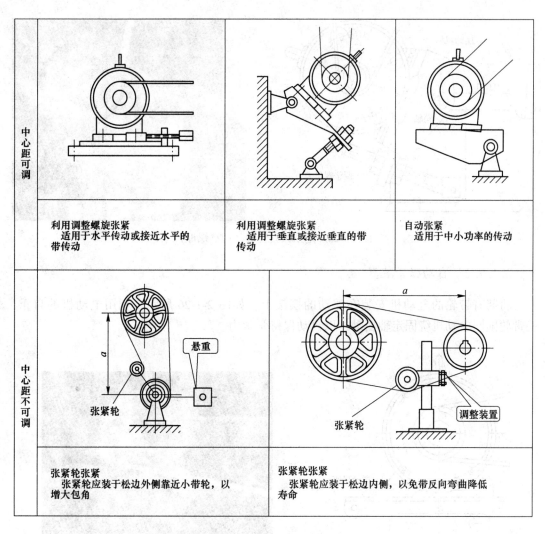

图 2-1-23 带传动的张紧装置

2.1.7.1 定期张紧装置

采用定期改变中心距的方法来调节带的预紧力，使带重新张紧。在水平或倾斜不大的传动中，可采用图 2-1-24 所示的方法，将装有带轮的电动机安装在装有滑道的基板上，通过旋动左侧的调节螺钉，将电动机向右推移到所需位置后，拧紧电动机安装螺钉即可实现张紧。在垂直的或接近垂直的传动中，可采用图 2-1-25 所示的方法，将装有带轮的电动机安装在可调的摆架上。

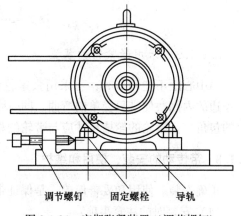

图 2-1-24 定期张紧装置（调节螺钉）

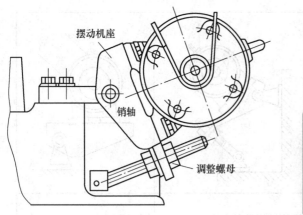

图 2-1-25　定期张紧装置（调整螺母）

2.1.7.2　自动张紧装置

将装有带轮的电动机安装在浮动的摆架上，如图 2-1-26 所示，利用电动机的自重，使带轮随同电动机绕固定轴摆动，以自动保持张紧力。

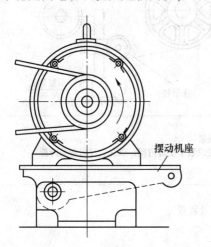

图 2-1-26　自动张紧装置

2.1.7.3　采用张紧轮的装置

当中心距不能调节时，可采用张紧轮将带张紧，如图 2-1-27 所示。张紧轮一般应放在松边的内侧，使带只受单向弯曲。同时张紧轮应尽量靠近大轮，以免过分影响在小带轮上的包角。张紧轮的轮槽尺寸应与带轮的相同，且直径应小于带轮的直径。

2.1.8　带传动的安装、使用和维护

正确安装、使用和妥善保养，是保证带传动正常工作、延长胶带寿命的有效措施。

（1）安装时的注意事项：

1）安装时，两轴线应平行，一般要求两带轮轴线的平行度误差小 $0.006a$（a 为中心

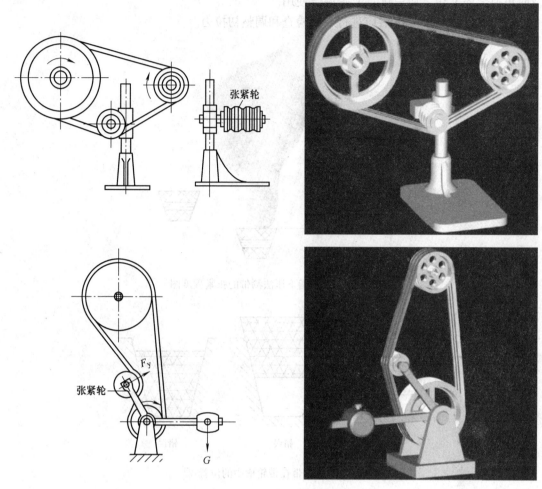

图 2-1-27　张紧轮张紧装置

距)，两轮相对应轮槽的中心线应重合，以防带侧面磨损加剧。

2）装拆时不能硬撬，以免损伤带。应先缩短中心距，将 V 带装入轮槽，然后再调整中心距并张紧带。

3）安装时，带的松紧应适当。一般应按规定的初拉力张紧，可用测量力装置检测，也可用经验法估算。经验法又称为大拇指下压法。即用大拇指压带的中部，张紧程度以大拇指能按下 10~15mm 为宜，如图 2-1-28 所示。

4）水平布置时应使带的松边在上，紧边在下。

5）V 带在带轮槽中应处于正确位置，如图 2-1-29 所示，过高或过低都不利于带的正常工作。

（2）使用和维护时的注意事项：

1）带应避免与酸、碱、油等有机溶剂接触，使用时应防止润滑油流入带与带轮的工作面，工作温度一般不超过 60℃。

2）为了确保安全，应加装防护罩。

3）定期检查带的松紧，检查带是否出现疲劳现象，如发现 V 带有疲劳撕裂现象，应及时更换全部 V 带，切忌新旧 V 带混合使用。

4）新带运行 24~48h 后应进行一次检查和调整初拉力。

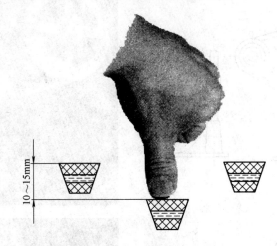

图 2-1-28　大拇指下压法测带的张紧程度图

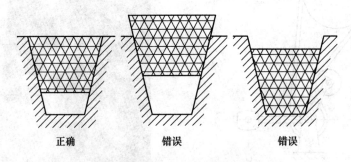

正确　　　　　　　错误　　　　　　　错误

图 2-1-29　带在带轮槽中的位置

2.1.9　知识检测

2.1.9.1　选择题

（1）带传动打滑现象首先发生在何处？（　　　）

A. 大带轮　　　　　　　B. 小带轮　　　　　　C. 大、小带轮同时出现

（2）若 V 带传动的传动比为 5，从动轮直径是 500mm，则主动轮直径是（　　　）mm。

A. 100　　　　　　　　B. 250　　　　　　　　C. 500

（3）三角带中，横截面积最小的带的型号是（　　　）。

A. A 型　　　　　　　　B. Z 型　　　　　　　C. Y 型　　　　　　　　D. E 型

（4）某机床的三角带传动中有 4 根胶带，工作较长时间后，有一根产生疲劳撕裂不能继续使用，正确更换的方法是（　　　）。

A. 更换已撕裂的一根　　B. 更换 2 根　　　　C. 更换 3 根　　　　　　D. 全部更换

（5）V 带在轮槽中的正确位置是（　　　）。

A. 　　B. 　　C.

（6）（　　）是带传动的特点之一。

A. 传动比准确

B. 在过载时会产生打滑现象

C. 应用在传动准确的场合

（7）V 带安装好后，要检查带的松紧程度是否合适，一般以大拇指按下带（　　）mm 左右为宜。

A. 5　　　　　　　B. 15　　　　　　　C. 20

（8）带传动中可用主、从动轮的转速或基准直径的比值来表示（　　）。

A. 传动比　　　　B. 包角 α_1　　　　C. 中心距 α　　　　D. 带速 v_1

2.1.9.2　判断题

（1）带传动是依靠作为中间挠性件的带和带轮之间的摩擦力来传动的。　（　）

（2）V 带的横截面为等腰梯形。　（　）

（3）V 带传动不能保证准确的传动比。　（　）

（4）V 带工作时，其带应与带轮槽底面相接触。　（　）

（5）绳芯结构 V 带的柔性好，适用于转速较高的场合。　（　）

（6）一般情况下，小带轮的轮槽角要小些，大带轮的轮槽角则大些。　（　）

（7）普通 V 带传动的传动比 i 一般都应大于 7。　（　）

（8）为了延长传动带的使用寿命，通常尽可能地将带轮基准直径选得大些。　（　）

（9）在使用过程中，需要更换 V 带时，不同新旧的 V 带可以同组使用。　（　）

（10）安装 V 带时，张紧程度越紧越好。　（　）

（11）在 V 带传动中，带速 v 过大或过小都不利于带的传动。　（　）

（12）V 带传动中，主动轮上的包角一定小于从动轮上的包角。　（　）

（13）V 带传动中，带的三个表面应与带轮三个面接触而产生摩擦力。　（　）

（14）V 带传动装置应有防护罩。　（　）

（15）因为 V 带弯曲时横截面变形，所以 V 型带轮的轮槽角要小于 V 带楔角。　（　）

（16）V 带的根数影响带的传动能力，根数越多，传动功率越小。　（　）

（17）同步带传动的特点之一是传动比准确。　（　）

（18）同步带传动不是依靠摩擦力而是靠啮合力来传递运动和动力的。　（　）

（19）在计算机、数控机床等设备中，通常采用同步带传动。　（　）

（20）同步带规格已标准化。　（　）

（21）一组 V 带中发现其中有一根已不能使用，只要换上一根新的就行。　（　）

（22）洗衣机中带传动所用的 V 带是专用零件。　（　）

（23）V 带传动的张紧轮最好布置在松边外侧靠近大带轮处。　（　）

（24）V 带的根数影响带传动的能力，根数越多，传动功率越小。　（　）

（25）普通 V 带为无接头环形带，带的横截面为三角形。　（　）

（26）普通 V 带楔角为 30°，带轮槽角取 32°、34°、36°、38°。　　　　（　　）

2. 1. 9. 3　简答题

（1）带传动有哪些主要类型？带传动的主要特点是什么？

（2）带传动中，紧边和松边是如何产生的？怎么理解紧边和松边的拉力差即为带传动的有效应力？

（3）带的工作速度一般为 5~25m/s，带速为什么不宜过高又不宜过低？

（4）为什么说弹性滑动是带传送的固有特性？弹性滑动对传动有什么影响？是什么原因引起的？

（5）带传动的打滑现象是怎么产生的？打滑和弹性滑动有什么区别？

任务 2.2　链传动

项目教学目标

知识目标：

（1）了解链传动的类型和特点；

（2）了解链传动在陶瓷生产中的应用；

（3）了解滚子链和滚子链链轮的结构形式、主要参数等。

技能目标：

（1）掌握链传动平均传动比的计算方法；

（2）掌握链传动的失效形式、布置、张紧和维护保养。

素质目标：

具有学习能力、分析故障和解决问题能力。

知识目标

2.2.1　任务描述

链传动是一种在陶瓷生产设备中被广泛使用的机械传动方式，兼有齿轮传动和带传动的特点。链传动种类繁多，本任务重点介绍在陶瓷生产设备中应用最多的滚子链和链轮的结构和类型，以及链传动的布置、安装和维护保养。

2.2.2　链传动的类型

如图 2-2-1 所示，链传动由两轴平行的主动链轮 1、从动链轮 3 和绕在链轮上的中间挠性件链条 2 组成，靠链条与链轮轮齿的啮合来传递平行轴间的运动和动力。因此，链传动是一种具有中间挠性件的啮合传动。

2.2.2.1　按用途分类

链的种类繁多，从用途来分，可以分为传动链、起重链和输送链三类。

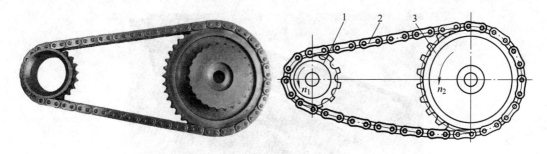

图 2-2-1　链传动

a　传动链

传动链是制造得较精密的链条，用于机械中传递运动和动力，最常见的就是自动车和摩托车了，如图 2-2-2 所示。

图 2-2-2　传动链

b　起重链

起重链主要用在起重机械中提升重物，如斗式提升机、双层车库等。如图 2-2-3 所示。

图 2-2-3　起重链

c　输送链

主要用在各种输送装置和接卸化装卸设备中，用于输送物品，如图 2-2-4 所示。

图 2-2-4　输送链

2.2.2.2　按结构形式分类

传动链从结构形式上可分为短节距精密滚子链（简称滚子链）及齿形链。

a　滚子链

滚子链是一种用于传送机械动力的链条，是链传动的一种类型，广泛应用于家庭、工业和农业机械，其中包括输送机、绘图机、印刷机、汽车、摩托车以及自行车。它由一系列短圆柱滚子链接在一起，由一个称为链轮的齿轮驱动，是一种简单、可靠、高效的动力传递装置。如图 2-2-5 所示。

图 2-2-5　滚子链

b　齿形链

齿形链由彼此用铰链连接起来的齿形链板组成，链板两工作侧面的夹角为 60°，齿形的铰链形式主要有圆销铰链式、轴瓦式和滚柱铰链式。

轴瓦式齿形链由齿形板和轴瓦组成，如图 2-2-6 所示。这种铰链工作平稳、噪声小、承受冲击载荷能力强，但结构较复杂，成本较高，多用于转速较高的场合，如汽车发动机上。

2.2.3　链传动的特点

2.2.3.1　链传动的优点

（1）平均传动比准确，无滑动；

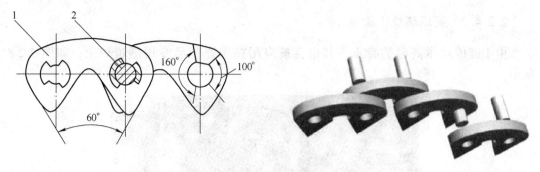

图 2-2-6 齿形链
1—链板；2—轴瓦

（2）结构紧凑，轴上压力小；

（3）传动效率高，可以达到 0.98；

（4）适合中心距离较远的两轴传动，a 可达 5~6m；

（5）可用于高温、重载、环境恶劣的场合。

2.2.3.2 链传动的缺点

（1）传动不平稳，有噪声和冲击，链条容易脱落；

（2）瞬时传动比不恒定；

（3）无过载保护装置。

2.2.4 链传动在陶瓷生产中的典型应用

由于链传动具有无弹性滑动和打滑现象、平均传动比准确、过载能力强、工作可靠等特点，使其在陶瓷生产中的传动和运输环节得到广泛应用。

2.2.4.1 传递动力

链传动平均传动比准确，可以可靠地传递动力，在传动比不大的情况下，链传动经常被用在输送带高速级上（直接与电动机连接），同时还起到减速器的作用，如图 2-2-7 所示。

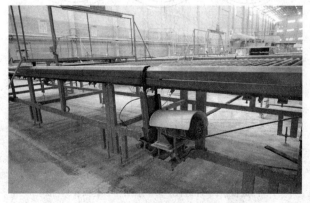

图 2-2-7 在动力传递上的应用

2.2.4.2　高温环境下输送

由于链传动耐高温的特点，其也会被应用在陶瓷制品专用隧道炉上，如图 2-2-8 所示。

图 2-2-8　在高温环境下输送的应用

2.2.5　滚子链和链轮

2.2.5.1　滚子链

A　滚子链的结构

滚子链的结构如图 2-2-9 所示。它由内链板 1、外链板 2、销轴 3、套筒 4 和滚子 5 组成。其中两块外链板与销轴之间为过盈配合连接，构成外链节。两块内链板与套筒之间也

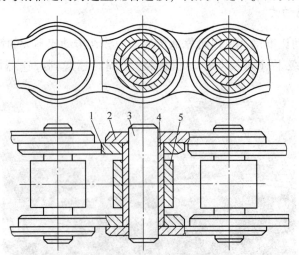

图 2-2-9　滚子链的结构

1—内链板；2—外链板；3—销轴；4—套筒；5—滚子

不为过盈配合连接，构成内链节。销轴穿过套筒，将内外链节交替连接成链条。套筒、销轴之间为间隙配合，因而内外链节可相对转动，使整个链条自由弯曲。滚子与套筒之间也为间隙配合，使链条与链轮啮合时滚子在链轮表面滚动，形成滚动摩擦，以减轻磨损从而提高传动效率和寿命。

B　滚子链的基本参数

（1）节距 p。滚子链上相邻两滚子中心的距离，如图 2-2-10 所示。p 越大，链条各零件尺寸越大，能传递的功率也越大，因此链节距是链传动中重要的尺寸之一。

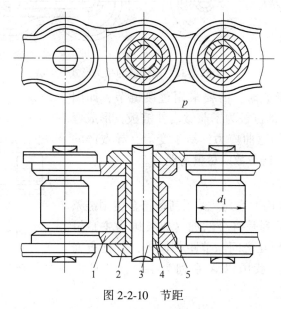

图 2-2-10　节距

（2）链节数 L_P。链节数是指链传动中整条链的节数，对于多排链应按单排链计算。

（3）链总长 l。链总长指整条链的总长，它等于链节数与节距的乘积，即 $l = L_p p$。

（4）排距 p_t。为了传递更大的功率，在节距不变的条件下，可以采用双排链或多排链，如图 2-2-11 所示。由于各排链受力不均，故多排链的排数不宜过多，一般链的排数不超过 4 排，p_t 为多排链的排距。

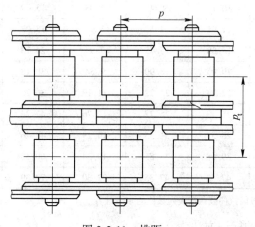

图 2-2-11　排距 p_t

C　滚子链的接头形式

当链节数 L_p 为偶数时，接头处用开口销或弹性锁片固定，一般开口销用于大节距，弹性锁片用于小节距，如图 2-2-12 所示。

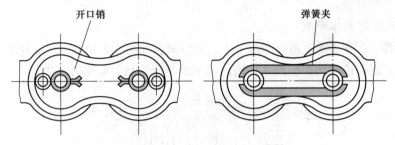

图 2-2-12　滚子链的接头形式

当链节数 L_p 为奇数时，需要采用过渡链节，如图 2-2-13 所示。过渡链节的链板为了兼做内外链板，形成弯链板，受力时产生附加弯曲应力，易于变形，导致链的承载能力下降。因此，链节数应尽量为偶数。

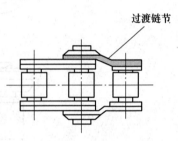

图 2-2-13　过渡链节

D　滚子链的标准

滚子链分为 A、B 两大系列。A 系列是符合美国链条标准的尺寸规格；B 系列是符合欧洲（以英国为主）链条标准的尺寸规格，相互之间除节距相同外，其他方面有本系列自身的特点。我国以 A 系列为主体，几种常用滚子链的基本参数和尺寸见表 2-2-1。

表 2-2-1　滚子链的基本参数和尺寸

链号	节距 p	排距 p_t	滚子外径 d_{1max}	内链节内宽 b_{1min}	销轴直径 d_{2max}	链板高度 h_{2max}	极限拉伸载荷（单排） Q_{min}	每米质量（单排） q
	mm	mm	mm	mm	mm	mm	N	kg/m
08A	12.70	14.38	7.95	7.85	3.96	12.07	13800	0.60
10A	15.875	18.11	10.16	9.40	5.08	15.09	21800	1.00
12A	19.05	22.78	11.91	12.57	5.95	18.08	31100	1.50
16A	25.40	29.29	15.88	15.75	7.94	24.13	55600	2.60
20A	31.75	35.76	19.05	18.90	9.54	30.18	86700	3.80
24A	38.10	45.44	22.23	25.22	11.10	36.20	124600	5.60
28A	44.45	48.87	25.40	25.22	12.70	42.24	169000	7.50
32A	50.80	58.55	28.53	31.55	14.29	48.26	222400	10.10
40A	63.50	71.55	39.68	37.85	19.34	60.33	347000	16.10
48A	76.20	87.83	47.63	47.35	23.30	72.39	500400	22.60

注：使用过渡链节时，其极限拉伸载荷按表列数值的 80% 计算。

按国标规定滚子链的标记方法为：

链号—排数×链节数   国家标准代号。例如：A 系列滚子链，节距为 19.05mm，双排，链节数为 100，其标记为

$$12A—2×100 GB/T\ 1243—2006$$

2.2.5.2 滚子链链轮

为了保证链与链齿的良好啮合，并提高传动的性能和寿命，应合理选择链轮的齿形、结构和材料。

A 链轮齿形

链轮齿形应满足以下要求：链条滚子能平稳、自由地进入啮合和退出啮合；啮合时滚子与齿面接触良好；齿形应简单，便于加工。链轮的端面齿形如图 2-2-14 所示 。

分度圆直径：$d = \dfrac{p}{\sin\dfrac{180°}{z}}$

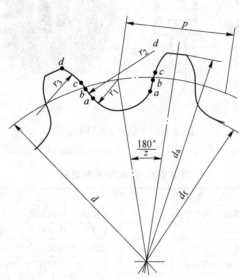

图 2-2-14 链轮的端面齿形

B 链轮的结构

链轮的主要结构形式有实心式、孔板式、焊接式及装配式。如图 2-2-15 所示。

小直径链轮可制成实心式；中等直径链轮可采用孔板式；大直径链轮，为了提高轮齿的耐磨性，常将齿圈和齿心用不同材料制造，然后将它们焊接在一起；也可用螺栓连接在一起。

C 链轮的材料

链轮的材料应能保证齿有足够的强度和耐磨性。常用碳素钢、合金钢、灰铸铁等材料，小功率高速链轮也可用夹布胶木。齿面通常经过热处理，使其达到一定硬度。由于小链轮啮合次数多，磨损和冲击也较严重，所用材料常优于大链轮。

根据链轮的具体工作情况，常用的材料有 20、35、40、45 等碳素钢，HT150、HT200 等灰口铸铁，ZG310-570 等铸钢，以及 20Cr、35CrMo、40Cr 等合金钢。见表 2-2-2。

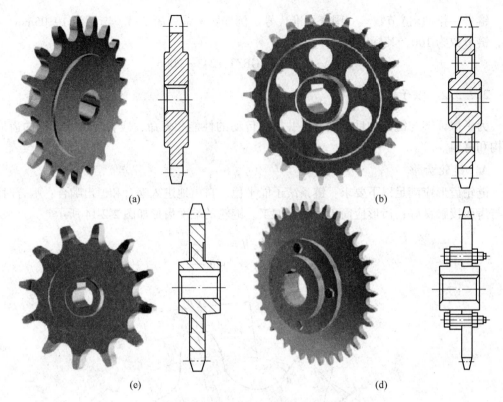

图 2-2-15　链轮的结构形式

（a）实心式；（b）孔板式；（c）焊接式；（d）装配式

表 2-2-2　链轮常用的材料

材　料	热 处 理	应 用 范 围
15、20	渗碳、淬火、回火	$Z \leqslant 25$，有冲击载荷的主、从动轮
35	正火	在正常工作条件下，齿数较多的链轮
40、50、ZG310-570	淬火、回火	无剧烈振动及冲击的链轮
15Cr、20Cr	渗碳、淬火、回火	有动载荷及传递较大功率的重要链轮
35SiMn、40Cr、35CrMo	淬火、回火	使用优质链条、重要的链条
Q235、Q275	焊接后退火	中等速度、传递中等功率的较大链轮
普通灰铸铁	淬火、回火	$Z_2 > 50$ 的从动轮

含碳量低的钢适宜用作承受冲击载荷的链轮，铸钢等适宜于易磨损但无剧烈冲击振动的链轮，要求强度高且耐磨的链轮须由合金钢制作。

技能目标

2.2.6　滚子链平均传动比

对滚子链平均传动比影响最大的参数就是链轮的齿数。

2.2.6.1　链轮齿数

链轮齿数对传动平稳性和工作寿命影响很大，因此，链轮齿数要适当，不宜过多或过小。链的齿数太多时，链的使用寿命将缩短；链轮齿数过小，链轮的不均匀性和动载荷都会增加，同时当链轮齿数过小时，链轮直径过小，会增加链节的负荷和工作频率，加速链条磨损。

为使链传动的运动平稳，小链轮齿数不宜过少，对于滚子链，可按链速选取 z_1，然后按传动比确定大链轮齿数。$z_2 = iz_1$，一般 z_2 不宜大于 120，过多易发生跳齿和脱链现象。

2.2.6.2　平均传动比的计算

在链传动中，链条包在链轮上如同包在两正多边形的轮子上，正多边形的边长等于链条的节距 p。

链的平均速度为：

$$v = \frac{z_1 n_1 p}{60 \times 1000} = \frac{z_2 n_2 p}{60 \times 1000} \text{m/s}$$

链的平均传动比为：

$$i = \frac{n_1}{n_2} = \frac{z_2}{z_1} = \text{常数}$$

通常小于 7，推荐 $i = 2 \sim 3.5$。若传动比过大，则链条在小链轮上的包角过小（通常包角应不小于 120°），小链轮同时参与啮合的齿数就会过少，从而使链齿磨损加快；传动比过大，还会使传动装置外廓尺寸加大。

实际上，平均传动比的瞬时值是按每一链节的啮合过程做周期性变化的。链传动工作时不可避免地会产生振动、冲击及附加动载荷，使传动不平稳，因此链传动不适用于高速传动。

2.2.7　链传动的主要失效形式

链传动中，一般链轮强度比链条高，使用寿命也较长，所以链传动的失效主要是由链条的失效而引起的。如图 2-2-16 所示，链条的主要失效形式有以下几种。

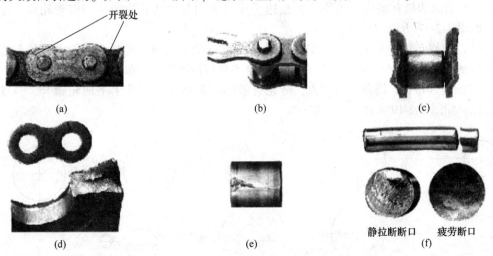

图 2-2-16　链传动的主要失效形式
（a）链板开裂；（b）链板静力拉断；（c）链板断裂；（d）链板疲劳断裂；
（e）滚子疲劳；（f）销轴断裂

2.2.7.1　链条的疲劳破坏

链传动时，链在松边拉力和紧边拉力的反复作用下，经过一定的循环次数，链条元件由于疲劳强度不足而破坏，链板将发生疲劳断裂。正常润滑条件下，疲劳强度是限定链传动承载能力的主要因素。

2.2.7.2　滚子套筒的冲击疲劳破坏

链传动的啮入冲击首先由滚子和套筒承受。在反复多次的冲击下，经过一定的循环次数，滚子、套筒会发生冲击疲劳破坏。这种失效形式多发生于中、高速闭式链传动中。

2.2.7.3　销轴与套筒的胶合

润滑不当或速度过高时，销轴和套筒的工作表面会发生胶合。胶合限定了链传动的极限转速。

2.2.7.4　链条铰链磨损

铰链磨损后链节变长，容易引起跳齿或脱链。开式传动、环境条件恶劣或润滑密封不良时，极易引起铰链磨损，从而急剧降低链条的使用寿命。

2.2.7.5　过载拉断

这种拉断常发生于低速重载或严重过载的传动中。

2.2.8　链传动的使用及维护保养

2.2.8.1　布置

（1）水平布置。两链轮的轴线平行，回转面在同一平面内，紧边在上，松边在下。这样不易引起脱链和磨损，也不会因松边垂度过大而与紧边相碰或链与链轮轮齿产生干涉。如图 2-2-17 所示。

（2）倾斜布置。水平布置无法实现时，倾斜布置。倾斜布置时两链轮中心线与水平线夹角 φ 尽量小于 45°，以免下方的链轮啮合不良或脱离啮合。如图 2-2-18 所示。

（3）垂直布置。链条下垂量大，链轮有效啮合齿数少，应让上下两轮错开，或使用张紧轮。如图 2-2-19所示。

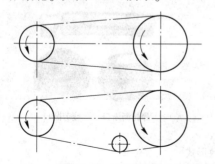

图 2-2-17　水平布置

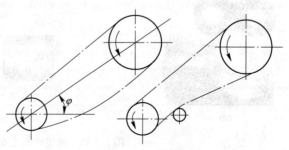

图 2-2-18　倾斜布置

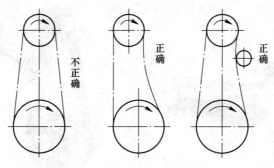

图 2-2-19　垂直布置

2.2.8.2　链传动的张紧

链传动张紧的目的主要是为了避免链条垂度过大产生啮合不良和链条振动现象，同时也为了增加链条的包角。

链传动的张紧可采用以下方法：

（1）调整中心距。增大中心距可使链张紧，对于滚子链传动，其中心距调整量可为 $2p$（p 为链条节距）。

（2）去掉几个链节。链传动没有张紧装置而中心距又不可调整时，可采用缩短链长（即拆去链节）的方法对因磨损而伸长的链条重新张紧。

（3）采用张紧轮。下述情况应考虑增设张紧装置：两轴中心距较大；两轴中心距过小，松边在上面；两轴接近垂直布置；需要严格控制张紧力；多链轮传动或反向传动；要求减小冲击，避免共振；需要增大链轮包角等。张紧轮应布置在松边接近小轮处，张紧轮可以制成齿形，也可以制成无齿的滚轮等，如图 2-2-20 所示。

2.2.8.3　链传动的维护保养

由于链传动应用的广泛性，了解其常规的保养与维修方法是有实用意义的，保养与维修做得越好，链传动的故障就越少。实践表明，使用中如能遵守几条相当简单的保养与维护原则，就可以节约费用，延长使用寿命，充分发挥链传动的工作能力：

（1）传动的各个链轮应当保持良好的共面性，链条通道应保持畅通。

（2）链条松边垂度应保持适当。对可调中心距的水平和倾斜传动，链条垂度应保持为中心距的 1%~2% 左右，对垂直传动或受震动载荷、反向传动及动力制动时，应使链条垂度更小些。经常检查和调整链条松边垂度是链传动保养工作中的重要项目。

（3）经常保持良好的润滑，这是保养工作中的重要项目。不管采用哪种润滑方式，最重要的是使润滑油脂很及时很均匀地分布到链条铰链的间隙中去。如无必要，尽量不采用黏度较大的重油或润滑脂，因为它们使用一段时间后易与尘土一起堵塞通往铰链摩擦表面的通路（间隙）。应定期将滚子链进行清洗去污，并经常检查润滑效果，必要时应拆开检查销轴和套筒，如摩擦表面呈棕色或暗褐色时，一般是供油不足，润滑不良。

链传动常用的润滑方式有以下几种：

1）人工定期润滑。用油壶或油刷，每班注油一次。适用于低速 $v \leqslant 4\text{m/s}$ 的不重要链传动。如图 2-2-21 所示。

2）滴油润滑。用油杯通过油管滴入松边内外链板间隙处，每分钟 5~20 滴。适用于

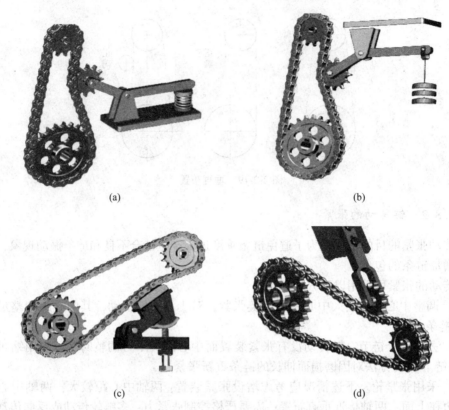

(a)　　　　　　　　　　　　　　　　(b)

(c)　　　　　　　　　　　　　　　　(d)

图 2-2-20　链传动的张紧装置

（a）弹簧自动张紧；（b）重力自动张紧；（c）托架自动张紧；（d）张紧轮自动张紧

$v \leqslant 10 \text{m/s}$ 的链传动。如图 2-2-22 所示。

图 2-2-21　人工定期润滑

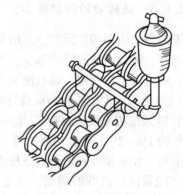

图 2-2-22　滴油润滑

3）油浴润滑。将松边链条浸入油盘中，浸油深度为 6~12mm，适用于 $v \leqslant 12 \text{m/s}$ 的链传动。如图 2-2-23 所示。

4）飞溅润滑。在密封容器中，甩油盘将油甩起，沿壳体流入集油处，然后引导至链条上。但甩油盘线速度应大于 3m/s。如图 2-2-24 所示。

5）压力喷油润滑：当采用 $v \geqslant 8 \text{m/s}$ 的大功率传动时，应采用特设的油泵将油喷射至链轮链条啮合处。如图 2-2-25 所示。

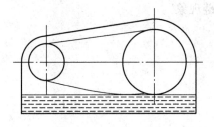

图 2-2-23 油浴润滑

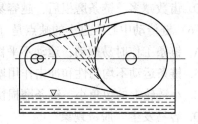

图 2-2-24 飞溅润滑

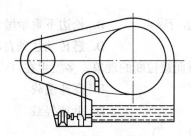

图 2-2-25 压力喷油润滑

（4）链条链轮应保持良好的工作状态。

（5）经常检查链轮轮齿工作表面，如发现磨损过快，及时调整或更换链轮。

2.2.9 知识检测

2.2.9.1 选择题

（1）链传动作用在轴和轴承上的载荷比带传动要小，这主要是因为（　　）。

A. 链传动只用来传递较小功率

B. 链速较高，在传递相同功率时，圆周力小

C. 链传动是啮合传动，无须大的张紧力

D. 链的质量大，离心力大

（2）与齿轮传动相比较，链传动的优点是（　　）。

A. 传动效率高　　　　　　　　　B. 工作平稳，无噪声

C. 承载能力大　　　　　　　　　D. 能传递的中心距大

（3）在一定转速下，要减轻链传动的运动不均匀性和动载荷，应（　　）。

A. 增大链节距和链轮齿数　　　　B. 减小链节距和链轮齿数

C. 增大链节距，减小链轮齿数　　D. 减小链条节距，增大链轮齿数

（4）为了限制链传动的动载荷，在链节距和小链轮齿数一定时，应限制（　　）。

A. 小链轮的转速　　　　　　　　B. 传递的功率

C. 传动比　　　　　　　　　　　D. 传递的圆周力

（5）大链轮的齿数不能取得过多的原因是（　　）。

A. 齿数越多，链条的磨损就越大

B. 齿数越多，链传动的动载荷与冲击就越大

C. 齿数越多，链传动的噪声就越大

D. 齿数越多，链条磨损后，越容易发生"脱链现象"

(6) 链传动中心距过小的缺点是（　　）。

A. 链条工作时易颤动，运动不平稳

B. 链条运动不均匀性和冲击作用增强

C. 小链轮上的包角小，链条磨损快

D. 容易发生"脱链现象"

(7) 两轮轴线不在同一水平面的链传动，链条的紧边应布置在上面，松边应布置在下面，这样可以使（　　）。

A. 链条平稳工作，降低运行噪声　　　　B. 松边下垂量增大后不致与链轮卡死

C. 链条的磨损减小　　　　　　　　　　D. 链传动达到自动张紧的目的

(8) 链条由于静强度不够而被拉断的现象，多发生在（　　）情况下。

A. 低速重载　　　　　　　　　　　　　B. 高速重载

C. 高速轻载　　　　　　　　　　　　　D. 低速轻载

(9) 链条的节数宜采用（　　）。

A. 奇数　　　　　　　　　　　　　　　B. 偶数

C. 5 的倍数　　　　　　　　　　　　　D. 10 的倍数

(10) 链传动张紧的目的是（　　）。

A. 使链条产生初拉力，以使链传动能传递运动和功率

B. 使链条与轮齿之间产生摩擦力，以使链传动能传递运动和功率

C. 避免链条垂度过大时产生啮合不良

D. 避免打滑

2.2.9.2　判断题

(1) 由于链传动具有无弹性滑动和打滑现象、平均传动比准确、过载能力强、工作可靠等特点，使其在陶瓷生产中的起重环节得到广泛应用。　　　　　　　　　（　　）

(2) 链传动属于啮合传动，所以瞬时传动比恒定。　　　　　　　　　　　（　　）

(3) 当传递功率较大时，可采用多排链的链传动。　　　　　　　　　　　（　　）

(4) 欲使链条连接时正好内链板和外链板相接，链节数应取偶数。　　　　（　　）

(5) 链传动的承载能力与链排数成正比。　　　　　　　　　　　　　　　（　　）

(6) 与带传动相比，链传动的传动效率高。　　　　　　　　　　　　　　（　　）

(7) 链传动是通过链条的链节与链轮轮齿的啮合来传递运动和动力的。　　（　　）

2.2.9.3　简答题

(1) 链传动的主要失效形式是什么？

(2) 为避免采用过渡链节，链节数常取奇数还是偶数？相应的链轮齿数宜取奇数还是偶数，为什么？

(3) 链传动为什么要张紧，常用张紧方法有哪些？

(4) 水平或接近水平布置的链传动，为什么其紧边应设计在上边？

任务2.3 齿轮传动

项目教学目标

知识目标：

（1）了解齿轮传动的类型和特点；

（2）了解齿轮传动在陶瓷生产中的应用；

（3）了解齿轮传动的基本原理。

技能目标：

（1）掌握渐开线直齿圆柱齿轮传动比的计算方法；

（2）掌握齿轮传动的失效形式、安装和维护保养。

素质目标：

具有学习能力、分析故障和解决问题能力。

知识目标

2.3.1 任务描述

齿轮是生活中最常见的机械零件之一，用于实现机械运动和动力的传递，齿轮传动结构紧凑，传动效率高，在陶瓷生产设备中使用广泛。本任务介绍齿轮传动的类型、特点、传动原理、失效形式、安装和维护保养。

2.3.2 齿轮传动的类型

齿轮传动的种类丰富，可以从不同角度对其进行分类。

2.3.2.1 按齿轮的啮合方式分类

（1）外啮合齿轮传动。两齿轮均为外齿轮，两齿轮的转动方向相反，如图 2-3-1 所示。

外齿轮

图 2-3-1 外啮合齿轮传动

（2）内啮合齿轮传动。两齿轮中一个为外齿轮，另一个为内齿轮，齿轮结构紧凑，两齿轮转动方向相同，如图 2-3-2 所示。

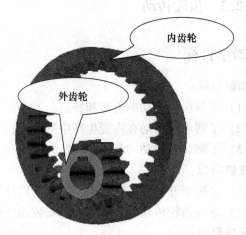

图 2-3-2　内啮合齿轮传动

（3）齿轮齿条传动。两齿轮中一个为外齿轮，另一个为齿条，齿轮和齿条间可以做转动到引动的转换，如图 2-3-3 所示。

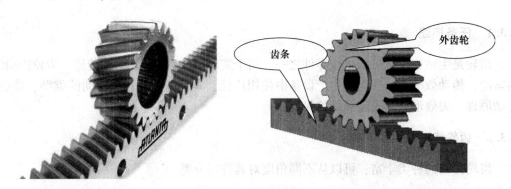

图 2-3-3　齿轮齿条传动

2.3.2.2　按轮齿的形状分类

（1）直齿轮传动。轮齿分布在圆柱上，且与其轴线平行。其径向齿形为直线，制造方便，成本低，如图 2-3-1 所示。

（2）斜齿轮传动。齿轮与其轴线倾斜，其径向齿形为斜线；传动平稳，适合于高速转动，但有轴向力，如图 2-3-4 所示。

（3）人字齿轮传动。由两排旋转方向相反到倾斜齿轮对称组成，其轴向力被相互抵消，适合高速和重载传动，但制造成本较高，如图 2-3-5 所示。

2.3.2.3　按传动轴的几何特性分类

（1）平行轴齿轮传动。两轴线相互平行，应用广泛。

图 2-3-4　斜齿轮传动

图 2-3-5　人字齿轮传动

（2）圆锥齿轮传动。轮齿沿圆锥母线排列于锥截面上，是相交轴齿轮传动的基本形式，如图 2-3-6 所示。

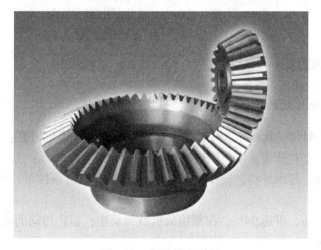

图 2-3-6　圆锥齿轮传动

（3）交错轴斜齿轮传动。使用两螺旋角数值不等的斜齿轮啮合，可组成两轴线任意相交的传动系统，如图 2-3-7 所示。

图 2-3-7　交错轴斜齿轮传动

2.3.2.4　按工作条件分类

（1）开式齿轮机构。齿轮是外露的，结构简单，但由于易落入灰砂和不能保证良好的润滑，轮齿极易磨损，为克服此缺点，常加设防护罩。多用于农业机械、建筑机械以及简易机械设备中的低速齿轮。

（2）闭式齿轮机构。齿轮密闭于刚性较大的箱壳内，润滑条件好、安装精确，可保证良好的工作，应用较广。如机床主轴箱中的齿轮、齿轮减速器等。

齿轮传动按照两轮轴线的相对位置、齿向和啮合情况分类如下：

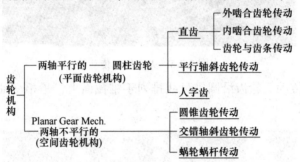

2.3.3　齿轮传动的特点

2.3.3.1　齿轮传动的优点

（1）能保证瞬时传动比恒定，工作可靠性高，传递运动准确可靠；

（2）传递的功率和圆周速度范围较宽，圆周速度可达 300m/s；

（3）结构紧凑，与带传动、链传动相比，在同样的使用条件下，齿轮传动所需的空间一般较小；

（4）传动效率高，可达 99%。在常用的机械传动中，齿轮传动的效率最高；

（5）维护简便。

2.3.3.2　链传动的缺点

（1）运转过程中有振动、冲击和噪声；

（2）加工和安装精度要求较高，制造成本也较高；

（3）齿轮的齿数为整数，能获得的传动比受到一定的限制，不能实现无级变速；

（4）不适宜于远距离两轴之间的传动。

2.3.4　齿轮传动在陶瓷生产设备中的典型应用

2.3.4.1　传递动力

齿轮传动传递动力大、效率高，所以经常被用在机械的最终级传动上，如陶瓷机械中的球磨机，如图 2-3-8 所示。

图 2-3-8　传递动力

2.3.4.2　传递运动

利用交错轴斜齿轮传动可以改变运动的传递方向的特性，可以使用在陶瓷输送带上，如图 2-3-9 所示。

图 2-3-9　传递运动

2.3.4.3　调整转速

这是齿轮传动的主要功能，通过调整主动和从动齿轮的齿数比，可以调整从动轴输出转速的大小。如图 2-3-10 所示，齿轮是齿轮减速箱的主要元器件。

图 2-3-10　调整转速

2.3.5　齿廓啮合的基本定律

齿轮传动的最基本要求之一是瞬时角速度比（传动比）恒定不变，否则主动齿轮以等角速度回转时，从动齿轮的角速度将为变量，因而产生惯性力，进而会引起机器的振动和噪声，影响齿轮的寿命。齿轮啮合基本定律就是讨论齿廓曲线与齿轮传动比的关系。

如图 2-3-11 所示，一对相互啮合的齿廓在 K 点接触，设主动齿轮 1 以角速度 ω_1 绕轴线 O_1 顺时针方向转动，齿轮 2 受齿轮 1 的推动，以角速度 ω_2 绕轴线 O_2 逆时针方向转动。则齿廓上 K 点的线速度分别为 v_1 和 v_2。

$$v_1 = \omega_1 \overline{O_1K}$$
$$v_2 = \omega_2 \overline{O_2K}$$

显然，要使这一对齿廓能连续接触传动，它们沿接触点的公法线方向是不能相对运动的。否则，两齿廓将不是彼此分离就是互相嵌入，因而不能达到正常传动的目的。要使两齿廓能够连续接触传动，则 v_1 和 v_2 在公法线方向的分速度应该相等。

$$i_{12} = \frac{\omega_1}{\omega_2} = \frac{\overline{O_2P}}{\overline{O_1P}}$$

由上式可知，欲使传动比 i_{12} 保持恒定不变，则比值 $\overline{O_2P}/\overline{O_1P}$ 应恒为常数。因 O_1、O_2 为两齿轮的固定轴心，在传动过程中位置不变，故其连心线 O_1O_2 为定长。因此，欲使 $\overline{O_2P}/\overline{O_1P}$ 为常数，则两齿轮在啮合传动过程中 c 点必须为一定点。由此可知，保证齿轮机构传动比不变的齿廓形状所必须满足的条件为：不论两齿廓在任何位置接触，过齿廓接触点所做的两齿廓的公法线都必须与两轮的连心线交于一定点。这一规律称为齿廓啮合的基本定律。

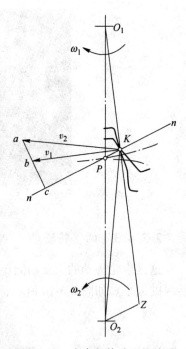

图 2-3-11　齿廓与传动比的关系

由于两轮作定传动比传动时，节点 P 为连心线上的一定点，故点 P 在轮 1 的运动平面上的轨迹是以 O_1 为圆心、O_1P 为半径的圆。同理，点 P 在轮 2 的运动平面上的轨迹是以 O_2 为圆心、O_2P 为半径的圆。这两个圆分别称为轮 1 与轮 2 的节圆。而由上述可知，轮 1 与轮 2 的节圆相切于 P 点，而且在点 P 处两轮的线速度相等，即故两齿轮的啮合传动可以视为两轮的节圆作纯滚动，其传动比等于两齿轮节圆半径的反比。

凡能满足齿廓啮合基本定律的一对齿廓，称为共轭齿廓。在理论上可作为一对齿轮共轭齿廓的曲线有无穷多。但在生产实际中，齿廓曲线除满足齿廓啮合基本定律外，还要考虑到制造、安装和强度等要求。由于渐开线齿廓具有良好的传动性能，而且便于制造、安装、测量和互换使用，因此它的应用最为广泛，故本任务着重对渐开线齿廓的齿轮进行介绍。

2.3.6　渐开线齿廓

2.3.6.1　渐开线的形成

如图 2-3-12 所示，一直线 nn' 沿一个半径为 r_b 的圆周做纯滚动，该直线上任一点 K 的轨迹 AK 称为该圆的渐开线，这个圆称为基圆，该直线称为渐开线的发生线。

2.3.6.2　渐开线的性质

根据渐开线的形成，可知渐开线具有如下性质：

（1）发生线在基圆上滚过的长度等于基圆上被滚过的弧长，即 $\overline{NK} = \overset{\frown}{NA}$。

（2）渐开线上任一点 K 的法线必与基圆相切。且 NK 为渐开线上 K 点的曲率半径。

（3）渐开线各点的压力角不等，离圆心越远，压力角越大。

$$\cos\alpha_k = \frac{r_b}{r_k}$$

（4）渐开线的形状取决于基圆的大小。基圆越大，渐开线越平直，当基圆半径无穷大时，渐开线为直线。

（5）由于发生线与基圆相切，故基圆内无渐开线。

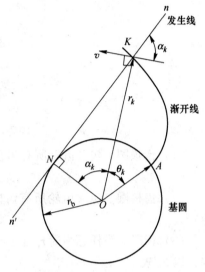

图 2-3-12　渐开线的形成

2.3.6.3　渐开线方程

如图 2-63 所示，因为 $\overline{NK} = \overset{\frown}{NA}$，可得：

$$r_b\tan\alpha_k = r_b(\theta_k + \alpha_k)$$

展角 θ_k 是压力角 α_k 的函数，称其为渐开线函数（involute function）。用 $\mathrm{inv}\alpha_k$ 来表示

$$\mathrm{inv}\alpha_k = \theta_k = \tan\alpha_k - \alpha_k$$

由于 $\cos\alpha_k = \dfrac{r_b}{r_k}$，可得渐开线的极坐标参数方程：

$$\left.\begin{array}{r} r_k = r_b/\cos\alpha_k \\ \theta_k = \mathrm{inv}\alpha_k = \tan\alpha_k - \alpha_k \end{array}\right\}$$

2.3.7　渐开线直齿圆柱齿轮

2.3.7.1　齿轮各部分的名称

图 2-3-13 所示为一个标准直齿圆柱外齿轮的一部分。

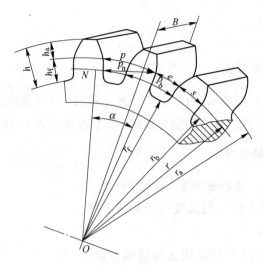

图 2-3-13　标准直齿圆柱外齿轮

（1）齿顶圆。包含齿轮所有齿顶端的圆称为齿顶圆，用 r_a 和 d_a 分别表示其半径和直径。

（2）齿根圆。包含齿轮所有齿槽底的圆称为齿根圆，用 r_f 和 d_f 分别表示其半径和直径。

（3）齿厚。沿任意圆周 r_k 上，于同一轮齿两侧齿廓上量得的弧长称为该圆周上的齿厚，以 S_k 表示。

（4）齿槽宽。齿轮相邻两侧之间的空间称为齿槽；在任意圆周 r_k 上量得的齿槽的弧长称为该圆周上的齿槽宽，以 e_k 表示。

（5）齿距。沿任意圆周上量得的相邻两齿同侧齿席之间的弧长称为该圆周上的齿距，以 p_k 表示。在同一圆周上的齿距等于齿厚与齿槽宽之和，即：$p_k = S_k + e_k$。

（6）分度圆。对标准齿轮来说，齿厚与齿槽宽相等的圆称为分度圆，其直径用 d 表示（半径用 r 表示）。分度圆上的齿厚和齿槽宽分别用 s 和 e 表示，且 $s=e$。分度圆时设计和制造齿轮的基圆。

（7）齿顶高。从分度圆到齿顶圆的径向距离，用 h_a 表示。

（8）齿根高。从分度圆到齿根圆的径向距离，用 h_f 表示。

（9）全齿高。从分度圆到齿顶圆的径向距离，用 h 表示，$h = h_a + h_f$。

2.3.7.2　齿轮的基本参数

生产中使用的齿轮不但种类繁多，而且参数众多，同一种类的齿轮也具有不同的齿数、大小和宽度等参数。标准直圆柱齿轮有齿数 z、模数 m、压力角 α、齿顶高系数 h_a^* 和顶隙系数 c^* 五个基本参数，这些基本参数是计算齿轮各部分几何尺寸的依据。

（1）齿数 z。一个齿轮的轮齿总数称为齿数，用 z 表示。齿轮设计时，按使用要求和强度计算确定齿数。

（2）模数 m。齿轮分度圆直径 d、齿数 z 和齿距 p 间的关系为 $\pi d = zp$，$d = zp/\pi$。为便于设计、计算、制造和检验，令 $p/\pi = m$，m 称为齿轮的模数，其单位为 mm，已标准化

（表2-3-1 标准模数系列），它是决定齿轮大小的主要参数之一，$d=mz$。

（3）压力角 α。即分度圆压力角，规定其标准值为 $\alpha = 20°$。它是决定齿轮齿廓形状的主要参数。

（4）对于标准齿轮，规定 $h_a = h_a^* m$。h_a^* 称为齿顶高系数。我国标准规定：正常齿 $h_a^* = 1$。

（5）顶隙系数 c^*。当一对齿轮啮合时，为使一个齿轮的齿顶面不与另一个齿轮的齿槽底面相抵触，轮齿的齿根高应大于齿顶高，即应留有一定的径向间隙，称为顶隙，用 c 表示。

对于标准齿轮，规定 $c = c^* m$。c^* 称为顶隙系数。我国标准规定：正常齿 $c^* = 0.25$。

2.3.7.3 外啮合标准直齿圆柱齿轮的几何尺寸计算

为了完整地确定一个齿轮的各个参数大小，需要详细计算其几何尺寸，在各个参数已知的情况下，外啮合标准直齿圆柱齿轮的主要尺寸参数可以通过表2-3-1公式获得。

表2-3-1 外啮合标准直齿圆柱齿轮几何尺寸计算公式

名　称	代号	计　算　公　式
压力角	α	标准齿轮为 20°
齿数	z	通过传动比计算确定
模数	m	通过计算或结构设计确定
齿厚	s	$s = p/2 = \pi m/2$
齿槽宽	e	$e = p/2 = \pi m/2$
齿距	p	$p = \pi m$
基圆齿距	p_b	$p_b = p\cos\alpha = \pi m\cos\alpha$
齿顶高	h_a	$h_a = h_a^* m = m$
齿根高	h_f	$h_f = (h_a^* + c^*)m = 1.25m$
齿高	h	$h = h_a + h_f = 2.25m$
分度圆直径	d	$d = mz$
齿顶圆直径	d_a	$d_a = d + 2h_a = m(z+2)$
齿根圆直径	d_f	$d_f = d - h_f = m(z-2.5)$
基圆直径	d_b	$d_b = d\cos\alpha$
标准中心距	a	$a = (d_1 + d_2)/2 = m(z_1 + z_2)/2$

例 为修配一残损的正常齿制标准直齿圆柱外齿轮，实测齿高为 8.96mm，齿顶圆直径为 135.90mm。试确定该齿轮的主要尺寸。

解：由表2-3-1可知，$h = h_a + h_f = (2h_a^* + c^*)m$。

设 $h_a^* = 1$，$c^* = 0.25$，则

$$m = h/(2h_a^* + c^*) = 8.96/(2 \times 1 + 0.25) = 3.982\text{mm}$$

由表2-3-1查得 $m = 4\text{mm}$，则

$$z = (d_a - 2h_a^* m)/m = (135.90 - 2 \times 1 \times 4)/4 = 31.975$$

取齿数为 $z = 32$。

分度圆直径 $d = mz = 4 \times 32 = 128\text{mm}$

齿顶圆直径 $d_a = d + 2h_a^* m = 128 + 2 \times 1 \times 4 = 136\text{mm}$

齿根圆直径 $d_f = d - 2(h_a^* + c^*)m = 128 - 2 \times (1 + 0.25) \times 4 = 118\text{mm}$

基圆直径 $d_b = d\cos\alpha = 128 \times \cos20° = 120.281\text{mm}$

2.3.7.4 渐开线直齿圆柱齿轮的正确啮合条件

如图 2-3-14 所示，为实现连续传动，前后两对齿应能同时在啮合线上接触，而不会相离或重叠。即两轮相邻两齿同侧齿廓沿公法线的距离应相等。

正确啮合的条件：（1）两齿轮的模数必须相等；

（2）两齿轮分度圆上的压力角必须相等，即：

$$m_1 = m_2 = m$$

$$\alpha_1 = \alpha_2 = \alpha$$

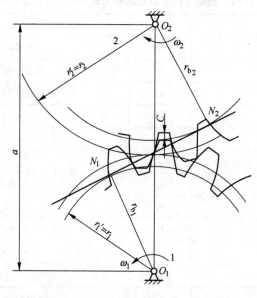

图 2-3-14 一对正确啮合的齿轮示意图

2.3.7.5 渐开线直齿圆柱齿轮连续传动的条件

A 啮合线的概念

观察图 2-3-15 所示的啮合示意图，比较 B_1B_2 和 N_1N_2 两段线段的长度。

（1）理论啮合线。一对齿轮理论上可能达到的最长啮合线段，称为理论啮合线。

（2）实际啮合线段。啮合点实际走过的轨迹，称为实际啮合线段。

B 连续传动的条件

根据经验，为了使两齿轮能够连续传动，必须保证在前一对轮齿尚未能脱离啮合时，后一对轮齿就要及时进入啮合，为此，实际啮合线段应大于或至少等于齿轮的法向齿距，即满足：

$$\overline{B_1B_2} \geqslant p_b$$

即：重合度 $\varepsilon_a = \dfrac{B_1B_2}{p_b} = \dfrac{B_1B_2}{\pi m cos\alpha} \geqslant 1$

重合度越大，表示同时啮合的齿对数越多，或多对齿啮合的时间越长，齿轮传动越平稳，承载能力越高。

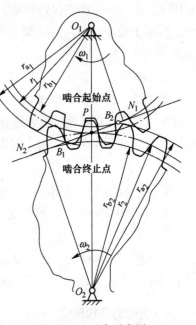

2.3.8　齿轮常用材料及热处理

2.3.8.1　齿轮对材料的基本要求

由轮齿的失效分析可知，设计齿轮传动时应使轮齿的齿面具有较高的抗磨损、抗点蚀、抗胶合及抗塑性变形的能力，而齿根则要求有较高的抗折断、抗冲击载荷能力。因此，对轮齿材料性能的基本要求为：

图 2-3-15　啮合示意图

（1）齿面要有足够的硬度；

（2）齿芯要有足够的强度和较好的韧性；

（3）材料应具有良好的加工工艺性能以及热处理性能。

2.3.8.2　齿轮的常用材料

最常用的齿轮材料是锻钢、铸钢，此外还有铸铁及一些非金属材料等。

（1）当齿轮结构尺寸较大，轮坯不易锻造时，可采用铸钢。

（2）低速、轻载场合的开式齿轮可采用灰铸铁或球墨铸铁。

（3）低速重载的齿轮易产生齿面塑性变形，轮齿也易折断，宜选用综合性能较好的钢材。

（4）高速齿轮易产生齿面点蚀，宜选用齿面硬度高的材料。

（5）受冲击载荷的齿轮，宜选用韧性好的材料。

（6）对高速、轻载而又要求低噪声的齿轮传动，也可采用非金属材料，如夹布胶木、尼龙等。

2.3.8.3　齿轮热处理的主要几种方法

A　表面淬火

表面淬火常用于中碳钢和中碳合金钢，如 45 钢、40Cr 等。表面淬火后，齿面硬度一般为 40~55HRC。特点是抗疲劳点蚀、抗胶合能力高，耐磨性好；由于齿芯部分未淬硬，齿轮仍有足够的韧性，能承受不大的冲击载荷。

B　渗碳淬火

渗碳淬火常用于低碳钢和低碳合金钢，如 20Cr 等。渗碳淬火后齿面硬度可达 56~

62HRC。而齿轮芯部仍保持较高的韧性，轮齿的抗弯强度和齿面接触强度高、耐磨性较好，常用于受冲击载荷的重要齿轮传动。齿轮经渗碳淬火后轮齿变形较大，应进行磨削加工。

C 渗氮

渗氮是一种表面化学热处理。渗氮后不需要进行其他热处理，齿面硬度可达 700 ~ 900HV。由于渗氮处理后的齿轮硬度高、工艺温度低、变形小，故适用于内齿轮和难以磨削的齿轮，常用于含铅、钼、铝等合金元素的渗氮钢，如 38CMoAl 等。

D 调质

调质一般用于中碳钢和中碳合金钢，如 45 钢、40Cr、35SiMn 等。调质处理后齿面硬度一般为 220 ~ 280HBW。因硬度不高，轮齿精加工可在热处理后进行。

E 正火

正火能消除内应力、细化晶粒、改善力学性能和切削性能。机械强度要求不高的齿轮可采用中碳钢正火处理，大直径的齿轮可采用铸钢正火处理。

2.3.9 齿轮的结构形式

齿轮的结构形式与齿轮的几何尺寸、材料、使用要求、工艺性及经济性等因素有关。齿轮的结构通常有以下四种。

2.3.9.1 齿轮轴

直径较小的齿轮通常直接和传动轴做成一个整体，即做成齿轮轴。如图 2-3-16 所示。

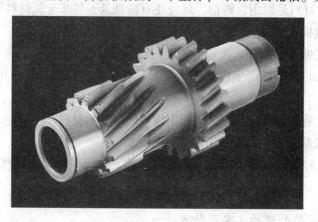

图 2-3-16 齿轮轴

2.3.9.2 实体式齿轮

当齿顶圆直径 $d_a \leqslant 200mm$ 或高速传动且要求低噪声时，可采用如图 2-3-17 所示的实心结构。实心齿轮和齿轮轴可以用热轧型材或锻造毛坯加工。

图 2-3-17　实体式齿轮

2.3.9.3　腹板式齿轮

对于齿顶圆直径 $d_a \leqslant 500$mm 时，可采用辐板式结构，以减轻重量、节约材料，如图 2-3-18所示。通常多选用锻造毛坯，也可用铸造毛坯及焊接结构。有时为了节省材料或解决工艺问题等，而采用组合装配式结构，如过盈组合和螺栓联结组合。

图 2-3-18　腹板式齿轮

2.3.9.4　轮辐式齿轮

当齿顶圆直径 $d_a > 500$mm 时，可采用轮辐式结构，如图 2-3-19 所示。受锻造设备的限制，轮辐式齿轮多为铸造齿轮。轮辐剖面形状可以采用椭圆形（轻载）、十字形（中载）及工字形（重载）等。

图 2-3-19　轮辐式齿轮

技能目标

2.3.10　渐开线直齿圆柱齿轮传动比

根据渐开线直齿圆柱齿轮正确啮合的条件：两齿轮的模数、压力角必须分别相等，即其传动比计算可简化为：

$$i = \frac{\omega_1}{\omega_2} = \frac{O_2 C}{O_1 C} = \frac{r_2'}{r_1'} = \frac{r_{b_2}}{r_{b_1}} = \frac{r_2 \cos\alpha}{r_1 \cos\alpha} = \frac{z_2}{z_1}$$

在渐开线齿轮传动中，齿轮的转速与其齿数成反比，齿数越多，其转速越低。

2.3.11　齿轮传动的功能

2.3.11.1　转速大小的变换

图 2-3-20 所示为齿轮传动的主要功能，通过调整主动齿轮和从动齿轮的齿数比，可以调整从动轴输出转速的大小。已知传动比 i 等于从动齿轮齿数除以主动齿轮齿数，故可得：

$$\omega_2 = \frac{z_1}{z_2}\omega_1$$

2.3.11.2　转速方向的变换

平行轴外啮合齿轮传动可改变齿轮的回转方向，主动轴、从动轴转速方向相反，如图 2-3-20 所示。平行轴内啮合齿轮传动不改变齿轮的回转方向，主动轴、从动轴转速方向相同，如图 2-3-20 所示。

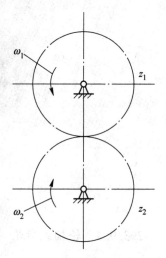

图 2-3-20　转速大小和方向的变换

2.3.11.3　改变运动的传递方向

相交轴外啮合齿轮传动和交错轴外啮合齿轮传动不仅改变齿轮的回转方向，还改变运动的传递方向，如图 2-3-21 所示。

图 2-3-21　转速传递方向的变换

2.3.11.4　改变运动特性

齿轮齿条传动可以把一个转动变换为移动，或者把一个移动变换为转动，如图 2-3-22 所示；非圆齿轮传动可以把一个匀速转动变换为非匀速转动，或者把一个非匀速转动变换为匀速转动，如图 2-3-23 所示。

图 2-3-22　改变运动特性 1

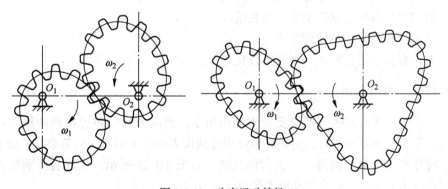

图 2-3-23　改变运动特性 2

2.3.12 齿轮传动的主要失效形式

齿轮传动时靠轮齿的啮合来传递运动力和动力，轮齿失效是齿轮常见的主要失效形式。由于齿轮传动装置分为开式和闭式，齿面分为软齿面和硬齿面，齿轮转速有高有低，载荷有轻重之分，所以实际应用中会出现各种不同的失效形式。齿轮传动的主要失效形式有轮齿折断、齿面点蚀、齿面磨损、齿面胶合以及塑性变形等几种形式。

2.3.12.1 轮齿折断

轮齿折断常在齿根部位发生。因为轮齿受载时，齿根变位产生的弯曲应力最大，而且齿根处会引起应力集中；当轮齿脱离啮合后，弯曲应力为零。轮齿在变化的弯曲应力反复作用下，当应力值超过齿轮材料的弯曲疲劳极限值时，轮齿根部就会产生疲劳裂纹，裂纹不断扩展就会导致轮齿疲劳折断，如图 2-3-24 所示。轮齿折断通常有两种情况：一种是由于多次重复的弯曲应力变化和应力集中造成的疲劳折断；另一种是由突然严重过载或冲击载体作用引起的过载折断。这两种折断都起始于轮齿根部受拉的一侧。

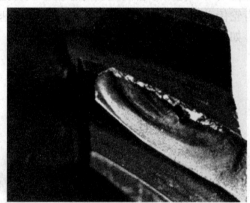

图 2-3-24 轮齿折断

为防止轮齿过早折断，可采取以下的工艺措施：
（1）适当增大齿根圆角半径以减小应力集中。
（2）合理提高齿轮的制造精度和安装精度。
（3）正确选择材料和热处理方式。
（4）对齿根部位进行喷丸、碾压等强化处理。

2.3.12.2 齿面点蚀

轮齿工作时，在齿面啮合处交变应力的作用下，当应力峰值超过材料的接触疲劳极限，经过一定应力循环次数后，会先在节线附近的齿表面产生细微的疲劳裂纹；随着裂纹的扩展，将导致小块金属剥落，产生齿面点蚀，如图 2-3-25 所示。点蚀会影响轮齿正常啮合，引起冲击和噪声，造成传动的不平稳。

点蚀常发生于润滑状态良好、齿面硬度较低（硬度<350HBW）的闭式传动中。在开式传动中，由于齿面磨损较快，往往点蚀还来不及出现或扩展即被磨掉了，所以看不到点

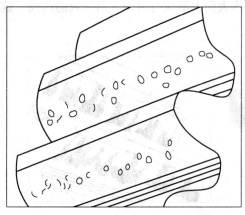

图 2-3-25 轮齿点蚀

蚀现象。

齿面抗点蚀能力主要与齿面硬度有关，所以抗点蚀措施有：提高齿面硬度和齿面加工精度；选用黏度合适的润滑油等。

2.3.12.3 齿面磨损

齿面磨损通常有两种情况：一种是由于灰尘、金属微粒等进入齿面间引起磨损；另一种是由于齿面间相对滑动摩擦引起磨损。一般情况下这两种磨损往往同时发生并相互促进。严重的磨损将使轮齿失去正确的齿形，齿侧间隙增大而产生振动和噪声，甚至由于齿厚磨薄最终导致轮齿折断，如图 2-3-26 所示。

在开式传动中，特别是在粉尘浓度大的场合，齿面磨损将是主要的失效形式。

抗磨损措施包括提高齿面硬度，改善密封和润滑条件，采用减摩性好的润滑油等。

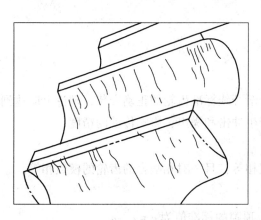

图 2-3-26 齿面磨损

2.3.12.4 齿面胶合

高速重载传动时，啮合区载荷集中、温升快，因而易引起润滑失效；低速重载传动时，齿面间油膜不易形成，这两种情况均可使两金属齿面直接接触熔黏到一起，并随着运动的继续使软齿面上的金属被撕下，在轮齿工作表面上形成与滑动方向一致的沟纹，这种现象称为齿面胶合，如图 2-3-27 所示。

图 2-3-27　齿面胶合

此外在重载低速齿轮传动中，由于局部齿面啮合处压力很高，且速度低，不易形成油膜，故使接触表面膜被刺破而黏着，也产生胶合破坏，称为冷胶合。

抗胶合措施包括提高齿面硬度，减小齿面粗糙度和齿轮模数，采用抗胶合能力强的润滑油等。

2.3.12.5　齿面塑性变形

当载荷及摩擦力很大时，齿面较软的轮齿在啮合过程中，齿面表层的材料就会沿着摩擦力的方向产生局部塑性变形，使齿廓失去正确的形状，导致失效，如图 2-3-28 所示。齿面塑性变形是低速、重载软齿面闭式传动的主要破坏形式。

抗塑变措施包括提高齿面硬度，采用黏度较大的润滑油等。

2.3.13　齿轮的安装和维护保养

2.3.13.1　齿轮的安装

A　正确安装的原则

根据生产中的经验，一对外啮合渐开线标准齿轮的正确安装，理论上应达到两个齿轮的齿侧间没有间隙，以防止传动时产生冲击和噪声，影响传动的精度。

B　标准中心距

因标准齿轮的分度圆齿厚与槽宽相等，且一对相啮合的齿轮的模数相等。

C　正确安装的基本要求

（1）保证两轮的顶隙为标准值。顶隙的标准值为 $c = c^* m$。

（2）保证两轮的理论齿侧间隙为零。虽然在实际齿轮传动中，在两轮的非工作齿侧间总要留有一定的齿侧间隙，但齿侧间隙一般都很小，由制造公差来保证。

（3）顶隙。齿轮传动中，为了避免一个齿轮的齿顶与另一个齿轮的齿槽底及齿根过渡曲线部分相抵触而引起传动干涉，并且为了有一些空隙以便储存润滑油，在一轮齿齿顶圆与另一轮齿齿根圆之间设有一定的间隙，称为顶隙。

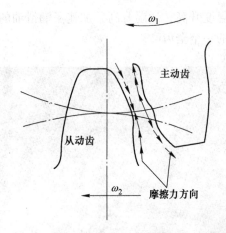

图 2-3-28 齿面塑性变形

2.3.13.2 齿轮传动的润滑

齿轮传动时，相啮合的齿面间有相对滑动，因此就会发生摩擦和磨损，增加动力消耗，降低传动效率。特别是高速传动时就更需要考虑齿轮的润滑。

在轮齿啮合面间加注润滑剂，可以避免金属直接接触，减少摩擦损失，还可以散热及防锈蚀。因此，对齿轮传动进行适当的润滑，可以大大改善齿轮的工作状况，且保持运转正常及预期的寿命。

A 润滑方式

a 油浴润滑

油浴润滑是以齿轮箱体作为油槽，齿轮浸在油中一定的深度，由于齿轮的旋转，搅动油飞溅，油滴溅到各个部位进行润滑，如图 2-3-29 所示。这种方法比较简单，适用于速度不高的中小型齿轮箱。因为油要有一定的速度才能够飞溅，所以齿轮的圆周速度要大于 3m/s。但是速度又不能太高，速度太高会使油甩离齿面而润滑不良，同时也会增大搅拌的功率损失。采用油浴润滑的圆柱齿轮传动，圆周速度一般不超过 12~15m/s，蜗轮蜗杆传动的蜗杆圆周速度一般不超过 6~10m/s。

对油浴润滑的齿轮箱，要经常检查油位高度，油面太低不能飞溅，油面太高增加搅动阻力，会使整个齿轮箱的运行温度升高，油温升高，加速了润滑油的氧化变质。正常的油位面应当是浸没中间轴大齿轮的一个全齿高。

图 2-3-29　油浴润滑

b　循环润滑

循环润滑是采用单独的一套润滑系统，油通过油泵压送到齿轮箱，然后又流回油箱，如此不断循环，如图 2-3-30 所示。它兼有润滑、冷却、冲洗齿面的作用，效果是比较好的，适用于圆周速度较高、功率较大的齿轮传动。当圆柱齿轮圆周速度大于 $12 \sim 15 \mathrm{m/s}$，蜗杆圆周速度大于 $6 \sim 10 \mathrm{m/s}$ 时，需要采用循环润滑。

c　离心润滑

在齿轮轮齿底钻若干个径向小孔，利用齿轮旋转时的离心力作用把油从小孔甩出，供给啮合的齿面。油在离心力的作用下有连续冲洗冷却的效果。此法也可以把高黏度的油供给到啮合齿面，防止高速齿轮因离心力作用造成齿面润滑不良。它的功率损失以及对振动的缓冲效果，都比其他润滑方法好。但是在齿底钻小孔加工制造上会增加很多麻烦。同时齿轮的结构上也变得复杂，另外还需要一套供油设备。所以一般的设备不宜采用这种方法；对转速很高，又要确保安全运行的重要的大型齿轮应采用这种润滑方法。

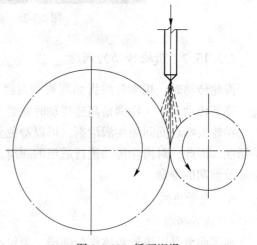

图 2-3-30　循环润滑

d　润滑脂润滑

某些低速重负荷的齿轮，用 0 号或 1 号压延机脂装入齿轮箱内，实践证明效果良好，即可减低磨损，又可避免漏油。但应注意把齿轮箱盖封好，不要让铁鳞进入，否则铁鳞落入后，不能沉淀，反而加速了磨损。可以用于齿轮箱润滑的还有 0 号合成锂基脂、0 号钠基脂（或含石墨的）、0 号复合钙铅润滑脂等。

B　齿轮传动润滑油的选择

润滑油品的选择应根据设备对润滑油的技术要求而决定。要选择好油品，必须首先了解设备的性能参数，对润滑有没有特殊要求。根据设备润滑技术上的要求，选择能够满足这些要求的油品。通常有下列几项原则供选择时参考：

（1）齿轮的载荷是选择油品的主要依据。轻负荷可选用不含添加剂的油；负荷较大、滑动较大，例如蜗杆，可选用含有油性添加剂的油；重负荷面又有强烈冲击的，例如双曲线齿轮、轧钢机齿轮座，应考虑选用全极压齿轮油。

（2）齿轮的速度是选择油黏度的主要依据。速度高的选用低黏度油，速度低的选用高黏度油。

（3）润滑方式是选油的参考条件。循环润滑必须要求油品的流动性好，含胶质沥青较多的汽缸油不宜选用；油浴式润滑可选用汽缸油。

（4）润滑系统的对象也要考虑。与齿轮共用一个润滑系统的部件，例如滑动轴承是否对油质有特殊要求，如果齿轮要求润滑油必须含有抗磨添加剂，而轴承合金中又含有银、镉等，这就要求抗磨添加剂对银、镉不起化学反应、不发生腐蚀，所以必须选用既抗银又耐磨的油品。如果轴承精度较高、间隙很小，润滑油的黏度不能选用较大，然而低黏度油对齿轮又不适应，这时只能选用低黏度的抗磨油，借助抗磨添加剂来解决齿轮的润滑问题。

2.3.14　知识检测

2.3.14.1　选择题

（1）轮齿的弯曲疲劳裂纹多发生在（　　）。
A. 齿顶附近　　　　　　B. 齿根附近　　　　　　C. 轮齿节点附近
（2）一对标准渐开线齿轮相啮合，当中心距大于标准中心距时，每个齿轮的节圆直径分别（　　）其分度圆直径。
A. 大于　　　　　　　　B. 等于　　　　　　　　C. 小于
（3）为了提高齿轮齿根弯曲强度应（　　）。
A. 增加齿数　　　　B. 增大分度圆直径　　　C. 增大模数　　　　D. 减小齿宽
（4）齿面塑性变形一般在（　　）时容易发生。
A. 软齿面齿轮低速重载工作　　　　　　　B. 硬齿面齿轮高速重载工作
C. 开式齿轮传动润滑不良　　　　　　　　D. 淬火钢过载工作
（5）标准规定的压力角在（　　）上。
A. 齿顶圆　　　　　　B. 分度圆　　　　　　C. 齿根圆　　　　　　D. 基圆
（6）对于齿数相同的齿轮，模数（　　），齿轮的几何尺寸及齿形都大，齿轮的承载能力也越大。
A. 越大　　　　　　　　B. 越小
（7）腹板式齿轮的齿顶圆直径一般不宜超过（　　）。
A. 500　　　　　　　　B. 800　　　　　　　　C. 200
（8）选择齿轮传动的平稳精度等级时，主要依据（　　）。
A. 转速　　　　　　B. 圆周速度　　　　　C. 传递的功率　　　　D. 承受的转矩

（9）标准渐开线齿轮分度圆以外的齿廓压力角（　　）20。

A. 大于　　　　　　　　　B. 等于　　　　　　　　　C. 小于

（10）齿轮传动中，小齿轮齿面硬度与大齿轮齿面硬度差，应取（　　）较为合理。

A. 0　　　　　　　　　B. 30~50HBS　　　　　　　　　C. 小于 30HBS

（11）渐开线齿轮连续传动条件为：重合度 ε（　　）。

A. 大于零　　　　　　　　B. 小于 1　　　　　　　　C. 大于 1　　　　　　　　D. 小于零

（12）用一对齿轮传递两转向相同的平行轴之间的运动时，宜采用（　　）传动。

A. 内啮合　　　　　　　　B. 外啮合　　　　　　　　C. 齿轮齿条

（13）为了提高齿轮的齿面接触强度应（　　）。

A. 增大模数　　　　　　　B. 增大分度圆直径　　　　　　　C. 增加齿数　　　　　　　D. 减小齿宽

2.3.14.2　判断题

（1）齿轮传动是利用主、从动齿轮轮齿之间的摩擦力来传递运动和动力。　　（　　）

（2）齿轮传动传动比是指主动齿轮转速与从动齿轮转速之比，与其齿数成正比。

（　　）

（3）齿轮传动的瞬时传动比恒定、工作可靠性高，所以应用广泛。　　（　　）

（4）标准中心距条件下啮合的一对标准齿轮，其啮合角等于基圆齿形角。　　（　　）

（5）单个齿轮只有节圆，当一对齿轮啮合时才有分度圆。　　（　　）

（6）基圆半径越小，渐开线越弯曲。　　（　　）

（7）同一基圆上产生的渐开线的形状不相同。　　（　　）

（8）渐开线齿廓上各点的齿形角都相等。　　（　　）

（9）因渐开线齿轮能够保证传动比恒定，所以齿轮传动常用于传动比要求准确的场合。

（　　）

（10）同一渐开线上各点的曲率半径不相等。　　（　　）

（11）离基圆越远，渐开线越趋平直。　　（　　）

（12）对齿轮传动最基本的要求之一是瞬时传动比恒定。　　（　　）

（13）基圆相同，渐开线形状相同；基圆越大，渐开线越弯曲。　　（　　）

（14）渐开线齿廓上各点的齿形角均相等。　　（　　）

（15）模数等于齿距除以圆周率的商，是一个没有单位的量。　　（　　）

（16）当模数一定时，齿轮的几何角度与齿数无关。　　（　　）

（17）模数反映了齿轮轮齿的大小、齿数相同的齿轮，模数越大，齿轮承载能力越强。

（　　）

（18）分度圆上齿形角的大小对齿轮的形状没有影响。　　（　　）

（19）直齿圆柱齿轮两轴间的交角可以是任意的。　　（　　）

（20）大、小齿轮的齿数分别是 42 和 21，当两齿轮相互啮合传动时，大齿轮转速高，小齿轮转数低。　　（　　）

（21）齿轮传动的失效，主要是轮齿的失效。　　（　　）

（22）点蚀多发生在靠近节线的齿根面上。　　（　　）

（23）开式传动和软齿面闭式传动的主要失效形式之一是轮齿折断。　　（　　）

（24）齿面点蚀是开式传动的主要失效形式。 （ ）

（25）适当提高齿面硬度，可以有效地防止或减缓齿面点蚀、齿面磨损、齿面胶合和轮齿折断导致的失效。 （ ）

（26）轮齿发生点蚀后，会造成齿轮传动的不平稳和产生噪声。 （ ）

（27）为防止点蚀，可以采用选择合适的材料以及提高齿面硬度、减小表面粗糙度值等方法。 （ ）

（28）有效防止齿面磨损的措施之一是尽量避免频繁启动和过载。 （ ）

2.3.14.3 简答题

（1）常见的齿轮传动失效有哪些形式？

（2）在不改变材料和尺寸的情况下，如何提高轮齿的抗折断能力？

（3）为什么齿面点蚀一般首先发生在靠近节线的齿根面上？

（4）什么情况下工作的齿轮易出现胶合破坏？如何提高齿面抗胶合能力？

（5）齿轮传动的常用润滑方式有哪些？润滑方式的选择主要取决于什么因素？

（6）某传动装置中有一对渐开线。标准直齿圆柱齿轮（正常齿），大齿轮已损坏，小齿轮的齿数 $z_{z1} = 24$，齿顶圆直径 $d_{a1} = 78mm$，中心距 $a = 135mm$，试计算大齿轮的主要几何尺寸及这对齿轮的传动比。

模块 3　陶瓷生产设备常用零部件

任务 3.1　轴

项目教学目标

知识目标：
（1）了解轴的分类；
（2）了解轴在陶瓷生产设备中的典型应用；
（3）了解轴的材料及其选择；
（4）了解轴各部分的名称。

技能目标：
（1）掌握零件在轴上的固定方法；
（2）掌握轴的主要失效形式。

素质目标：
具有学习能力、分析故障和解决问题的能力。

知识目标

3.1.1　任务描述

机器上的传动零件，如带轮、齿轮、联轴器等都必须用轴支撑才能正常工作，支撑传动件的零件称为轴承，轴本身又必须被轴承支撑，轴的主要功能是支撑旋转零件、传递转矩和运动。轴是陶瓷生产设备中的主要零部件之一，本任务重点介绍轴的类型、材料、零件固定、键连接及其连接方法。

3.1.2　轴的分类

3.1.2.1　按所受的载荷和功用分类

轴按所受的载荷和功用可分为心轴、转轴和传动轴。

A　心轴

心轴用来支撑转动零件，只承受弯矩而不传递扭矩，有些心轴转动，如铁路车辆的轴等，如图 3-1-1 所示；有些心轴不转动，如支撑滑轮的轴等，如图 3-1-2 所示。根据轴工作时是否转动，心轴又可分为转动心轴和固定心轴。

B　传动轴

只承受转矩不承受弯矩或承受很小的弯矩的轴称为传动轴，主要用于传递转矩，如汽

图 3-1-1 心轴（铁路车辆轮轴）

图 3-1-2 心轴（支撑滑轮的轴）

车传动轴，如图 3-1-3 所示。

图 3-1-3 传动轴

C 转轴

转轴，顾名思义即是连接产品零部件必须用到的、用于转动工作中既承受弯矩又承受扭矩的轴。常见的转轴如减速器轴，如图 3-1-4 所示，还有手机转轴、笔记本电脑转轴等。

图 3-1-4　减速器轴

3.1.2.2　按轴线形状分类

A　直轴

直轴指的是轴线为直线的轴，如图 3-1-5 所示。

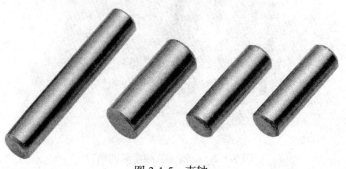

图 3-1-5　直轴

B　曲轴

曲轴是发动机中最重要的部件。它承受连杆传来的力，并将其转变为转矩通过曲轴输出并驱动发动机上其他附件工作。曲轴受到旋转质量的离心力、周期变化的气体惯性力和往复惯性力的共同作用，使曲轴承受弯曲扭转载荷的作用，如图 3-1-6 所示。

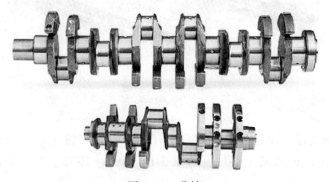

图 3-1-6　曲轴

C 挠性轴

挠性轴是指工作转速高于第一临界转速且低于第二临界转速的轴，如图 3-1-7 所示。也有高于第二临界转速的轴。从减小振动考虑，要求工作转速较高时应采用此类轴。

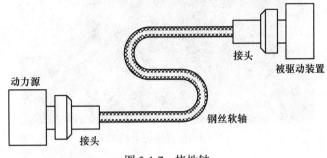

图 3-1-7 挠性轴

3.1.3 轴在陶瓷生产设备中的典型应用

轴是陶瓷生产设备中的主要零部件之一，通过对球磨机机构的分析，来进一步了解轴在陶瓷生产设备中的应用，如图 3-1-8 所示。

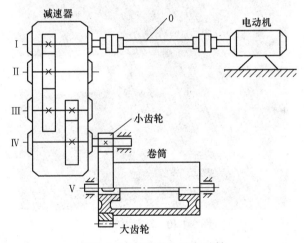

图 3-1-8 球磨机上的各种轴

按照所受的载荷和功用的轴来分类，可以得出 0 轴为传动轴，Ⅰ轴为转轴，Ⅱ轴为心轴，Ⅲ轴为转轴，Ⅳ轴为转轴，Ⅴ轴为心轴。

除了上述轴在陶瓷生产设备上的使用，轴还应用在传送带上带轮的支撑、转动（图 3-1-9），电机传动链轮的支撑、转动（图 3-1-10）等。

3.1.4 轴的材料及选择

轴主要承受弯矩和转矩，其主要失效形式是疲劳断裂。作为轴的材料应具有足够的强度、韧性和耐磨性。

（1）碳素钢比合金钢价廉，对应力集中的敏感性较小，还可以用热处理或化学处理的办法改善其综合性能，提高其耐磨性和抗疲劳强度，加工工艺性好，所以应用较为广

图 3-1-9　皮带轮上的轴

图 3-1-10　链轮上的轴

泛。常用的优质碳素钢有 30、35、40、45，对于不重要或受力较小的轴也可采用 Q235、Q255、Q275 等普通碳素钢。

（2）合金钢具有比碳素钢更好的力学性能和淬火性能，但是对应力集中比较敏感，而且价格较贵，多用于对强度和耐磨性有特殊要求、传递大功率的轴。专用的合金结构钢有 20Cr、35Cr、20CrMnTi、35SiMn 等。

（3）由于球墨铸铁和高强度铸铁具有良好的工艺性、吸振性，对应力集中不敏感，便于铸成结构形状复杂的曲轴、凸轮轴等，所以被广泛应用于形状复杂的轴。

（4）轴的毛坯多用轧制的圆钢或锻钢。锻钢内部组织均匀、强度较好，因此重要的、大尺寸的轴，常用锻造毛坯。

（5）轴的各种热处理（如高频淬火、渗碳、氮化、氰化等）以及表面强化处理（喷丸、滚压）对提高轴的疲劳强度有显著效果。

3.1.5 轴的各部分名称

图 3-1-11 所示为圆柱齿轮减速器中的低速轴。轴通常由轴头、轴颈、轴肩、轴环、轴端及轴身等部分组成。轴的支撑部位与轴承配合处的轴段称为轴颈，根据所在的位置又可分为端轴颈（位于轴的两端，只承受弯矩）和中轴颈（位于轴的中间，同时承受弯矩和扭矩）。根据轴颈所受载荷的方向，轴颈又可分为承受径向力的径向轴颈（简称轴颈）和承受轴向力的止推轴颈。安装轮毂的轴段称为轴头。轴头与轴颈间的轴段称为轴身。

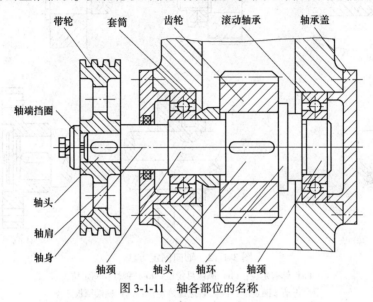

图 3-1-11 轴各部位的名称

技能目标

3.1.6 零件在轴上的固定

3.1.6.1 轴向固定

常用轴向固定方法有轴肩（或轴环）、套筒、圆螺母、弹性挡圈、圆锥形轴头等，如图 3-1-12 所示。

（1）轴肩定位。结构简单、可靠，并能够承受较大的轴向力。

（2）圆螺母定位。定位可靠并能够承受较大的轴向力。

（3）弹性挡圈定位。结构简单、紧凑，能够承受较小的轴向力，但可靠性差，不能应用在重要场合。

（4）止动垫圈定位。和圆螺母配合使用实现轴上零件的定位。

（5）紧定螺钉定位。只能承受较小的轴向力，结构简单，可兼做周向固定。

（6）轴端压板定位。使用压板通过螺钉将零件固定在轴端。

3.1.6.2 周向固定

零件在轴上的周向定位方式可根据其传递转矩的大小和性质、零件对中精度的高低、加工难易等因素来选择。

　　常用的周向固定方法有键、花键、成型、弹性环、销、过盈等联结，通称轴毂联结，如图 3-1-13 所示。

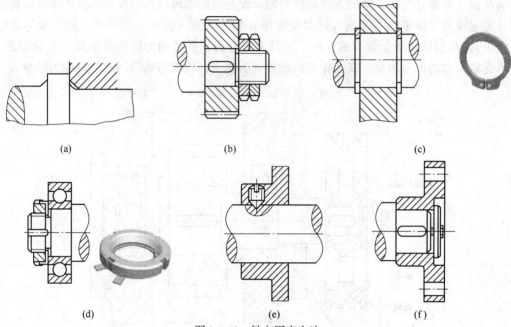

(a)　　　　　　　(b)　　　　　　　(c)

(d)　　　　　　　(e)　　　　　　　(f)

图 3-1-12　轴向固定方法

（a）轴肩定位；（b）圆螺母定位；（c）弹性挡圈定位；
（d）止动垫圈定位；（e）紧定螺钉定位；（f）轴端压板定位

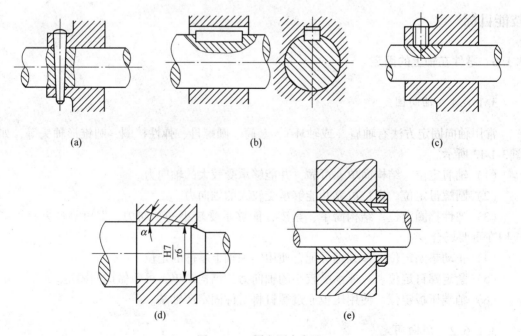

(a)　　　　　　　(b)　　　　　　　(c)

(d)　　　　　　　(e)

图 3-1-13　周向固定方法

（a）销连接固定；（b）键连接固定；（c）紧定螺钉固定；（d）过盈配合固定；（e）紧定套固定

3.1.7 轴的主要失效形式

3.1.7.1 轴件的变形

轴件的变形是在外部载荷与温度的共同影响下，导致轴件的尺寸及外形产生累计的变化，如图 3-1-14 所示。

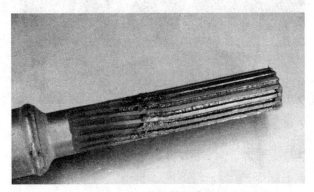

图 3-1-14　传动轴扭曲变形

3.1.7.2 疲劳断裂

在绝大多数情况下，轴中的应力并不是恒定不变的静应力，而是随时间不断变化的交变应力。油浴长时间处于交变应力的作用下，或长期在腐蚀性介质中工作，故而在轴上有应力集中的地方可能率先产生疲劳裂纹。随着交变应力的继续作用及润滑油的挤胀，使得疲劳裂纹得以继续扩展直至发生断裂。这种断裂由于有突发性，故危害更大。同时疲劳断裂也是轴中最为常见的一种失效形式，如图 3-1-15 所示。

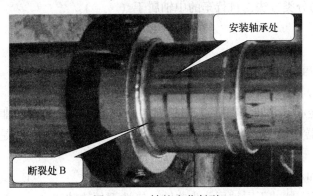

图 3-1-15　轴的疲劳断裂

3.1.7.3 轴的磨损

轴在与其他零件，如齿轮、轴承、套筒等的相互接触及相对运动中，彼此间会产生摩擦、磨损现象。这会导致轴尺寸减小，使其丧失原有的几何形状和精度，降低其工作强度，从而导致失效，如图 3-1-16 所示。

图 3-1-16　风机轴的磨损

3.1.8　知识检测

3.1.8.1　选择题

（1）下列各轴中，属于转轴的是（　　）。
A. 减速器中的齿轮轴　　　　　　　B. 自行车的前后轴
C. 火车轮轴　　　　　　　　　　　D. 汽车传动轴

（2）对于既承受转矩又承受弯矩作用的直轴，称为（　　）。
A. 传动轴　　　　　　　　　　　　B. 固定心轴
C. 转动心轴　　　　　　　　　　　D. 转轴

（3）按照轴的分类方法，自行车的中轴属于（　　）。
A. 传动轴　　　　　　　　　　　　B. 固定心轴
C. 转动心轴　　　　　　　　　　　D. 转轴

（4）自行车的前、中、后轴（　　）。
A. 都是转动心轴　　　　　　　　　B. 都是转轴
C. 分别是固定心轴、转轴和固定心轴　D. 分别是转轴、转动心轴和固定心轴

（5）轴是机器中最基本最重要的零件之一，它的主要功用是传递运动、动力和（　　）。
A. 分解运动和动力　　　　B. 合成运动和动力　　　　C. 支撑回转零件

（6）根据轴线形状的不同轴可分为曲轴、挠性钢丝软轴和（　　）。
A. 直轴　　　　　　　　　B. 光轴　　　　　　　　　C. 阶梯轴

（7）结构简单适用于心轴上零件的固定和轴端固定的轴上零件轴向固定方法是（　　）。
A. 弹性挡圈　　　　　　　B. 轴端挡板　　　　　　　C. 圆锥面

（8）在轴上用于装配轴承的部分称为（　　）。
A. 轴颈　　　　　　　　　B. 轴头　　　　　　　　　C. 轴身

（9）下列轴向固定方式可兼做周向固定的是（　　）。

A. 套筒　　　　　B. 轴环　　　　　C. 圆锥面　　　　　D. 圆螺母

3.1.8.2　判断题

（1）轴肩、轴环、挡圈、圆螺母、轴套等结构及零件可对轴上零件做周向固定。

（　　）

（2）实际使用中，直轴一般采用阶梯形，以便于零件的定位及装拆。（　　）

（3）阶梯轴的截面变化部位叫轴肩（环）。（　　）

（4）用圆螺母固定时，为承受较大载荷，应用普通粗牙螺纹。（　　）

（5）为便于过盈配合件的装配，轴和孔均需有倒角尺寸可任取。（　　）

（6）轴上的多个键槽应布置成相互位置为90°。（　　）

（7）为保证轴颈上零件的传扭，一般采用键连接做周向固定。（　　）

3.1.8.3　简答题

（1）确定轴的结构时，应考虑哪些要求？

（2）轴上零件的轴向定位方法有哪些？

（3）轴各部分的名称及其含义是什么？

任务 3.2　轴承

项目教学目标

知识目标：

（1）了解轴承在陶瓷生产设备中的典型应用；

（2）了解轴承的分类；

（3）了解滚动轴承的组成、特点、材料及其分类；

（4）了解滚动轴承的代号。

技能目标：

（1）掌握轴承的主要失效形式；

（2）掌握轴承清洗、安装和拆卸的主要步骤和方法；

（3）掌握轴承的基本润滑方法和油品的选择。

素质目标：

具有学习能力、分析故障和解决问题的能力。

知识目标

3.2.1　任务描述

轴承是当代机械设备中一种重要的零部件。它的主要功能是支撑机械旋转体，降低其运动过程中的摩擦系数，并保证其回转精度。轴承在陶瓷生产设备中有着广泛的应用，本任务重点介绍着轴承的类型、组成、代号、清洗、装卸及其润滑。

3.2.2 轴承在陶瓷生产设备中的典型应用

由于轴承具有摩擦阻力小、功率消耗小、机械效率高、易起动、维修方便、质量可靠等特点，在陶瓷生产设备中被大量使用。

（1）轴承在传送系统中被大量使用，图 3-2-1 所示为釉线传送带上的轴承，图 3-2-2所示为窑炉辊棒上的轴承。

图 3-2-1 釉线轴承

（2）轴承在电机中大量被使用，如图 3-2-3、图 3-2-4 所示。

（3）轴承在减速机中大量被使用，如图 3-2-5 所示。

图 3-2-2　辊棒轴承

图 3-2-3　轴承在电机中的使用 1

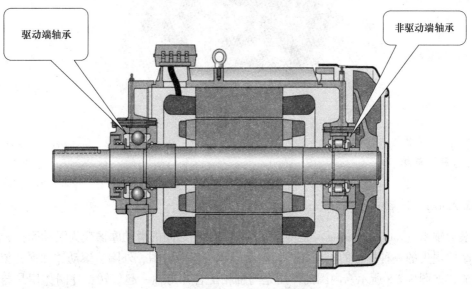

图 3-2-4　轴承在电机中的使用 2

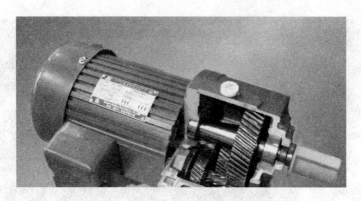

图 3-2-5　轴承在减速机中的使用

3.2.3　轴承的分类

根据工作面摩擦性质的不同，轴承可分为滑动轴承（图 3-2-6）和滚动轴承（图 3-2-7）。滑动轴承具有工作平稳、无噪声、径向尺寸小、耐冲击和承载能力大等优点；滚动轴承工作时，滚动体与套圈是点线接触，为滚动摩擦，其摩擦和磨损较小。滚动轴承是标准零件，可批量生产，成本低、安装方便，所以广泛应用于各种机械上。

图 3-2-6　滑动轴承

3.2.4　滚动轴承

3.2.4.1　滚动轴承的组成

滚动轴承（rolling bearing）是将运转的轴与轴座之间的滑动摩擦变为滚动摩擦，从而减少摩擦损失的一种精密的机械元件。滚动轴承一般由内圈、外圈、滚动体和保持架四部分组成，如图 3-2-8 所示。内圈的作用是与轴相配合并与轴一起旋转；外圈作用是与轴承座相配合，起支撑作用；滚动体是借助于保持架均匀地将滚动体分布在内圈和外圈之间，其形状大小和数量直接影响着滚动轴承的使用性能和寿命；保持架能使滚动体均匀分布，

图 3-2-7 滚动轴承

引导滚动体旋转，起润滑作用。

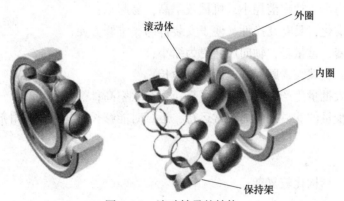

图 3-2-8 滚动轴承的结构

滚动体的形状有球形、圆柱形、圆锥形、鼓形、滚针形等，如图 3-2-9 所示。

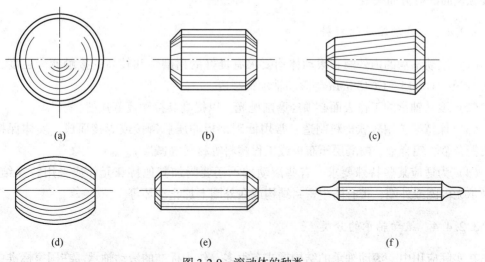

图 3-2-9 滚动体的种类

(a) 球形；(b) 短圆柱滚子；(c) 圆锥滚子；(d) 鼓形滚子；(e) 长圆柱滚子；(f) 滚针

3.2.4.2　滚动轴承的特点

（1）好处：

1）节能显著。由于滚动轴承自身运动的特点，使其摩擦力远远小于滑动轴承，可减少消耗在摩擦阻力的功耗，因此节能效果显著。从理论分析及生产实践中，主轴承采用滚动轴承的一般小型球磨机可节电达 30%～35%，中型球磨机节电达 15%～20%，大型球磨机节电可达 10%～20%。由于球磨机本身是生产中的耗能大户，这将意味着可节约一笔极其可观的费用。

2）维修方便，质量可靠。采用滚动轴承可以省去巴氏合金材料的熔炼、浇铸及刮瓦等一系列复杂及技术要求甚高的维修工艺过程以及供油、供水冷却系统，因此维修量大大减少。而且滚动轴承由于是由专业生产厂家制造，质量往往可以得到保证，也给球磨机使用厂家带来了方便。

（2）优点：

1）摩擦阻力小，功率消耗小，机械效率高，易起动；

2）尺寸标准化，具有互换性，便于安装拆卸，维修方便；

3）结构紧凑，重量轻，轴向尺寸更为缩小；

4）精度高、负载大、磨损小、使用寿命长；

5）适用于大批量生产，质量稳定可靠，生产效率高；

6）只需要少量的润滑剂便能正常运行，运行时能够长时间提供润滑剂。

（3）缺点：

1）噪声大；

2）轴承座的结构比较复杂；

3）成本较高；

4）即使轴承润滑良好，安装正确，防尘防潮严密，运转正常，它们最终也会因为滚动接触表面的疲劳而失效。

3.2.4.3　滚动轴承的材料

（1）滚动轴承的内外圈和滚动体均要求有良好的耐磨性和较高的接触疲劳强度，一般用 GCr9、GCr15、GC15SiMn 等滚动轴承钢制造。

（2）滚动轴承的工作表面必须经磨削抛光，以提高其接触疲劳强度。

（3）保持架选用较软材料制造，常用低碳钢板冲压后铆接或焊接而成。实体保持架选用铜合金、铝合金、酚醛层压布板或工程塑料等材料（减摩）。

（4）为适应某些特殊要求，有些滚动轴承还要附加其他特殊元件或采用特殊结构，如轴承无内圈或外圈、带有防尘密封结构或在外圈上加止动环等。

3.2.4.4　滚动轴承的分类

在实际应用中，滚动轴承的结构形式有很多。作为标准的滚动轴承，在国家标准中分为 13 类，其中最为常用的轴承为下列几类，见表 3-2-1。

表 3-2-1 常用的轴承类型

类型	类型代号	结构简图	实 物 图	结构性能特点
调心球轴承	1			主要承受径向载荷，也可承受不大的轴向载荷。适用于刚性较小及难以对中的轴
调心滚子轴承	2			调心性能好，能承受很大的径向载荷，但不宜承受纯轴向载荷。适用于重载及有冲击载荷的场合
圆锥滚子轴承	3			能同时承受轴向和径向载荷，承载能力大，内外圈可分离，间隙易调整，安装方便，一般成对使用
双列深沟球轴承	4			与深沟球轴承的特性类似，但能承受更大的双向载荷且刚性更好
推力球轴承	5			只能承受轴向载荷，不宜在高速下工作
深沟球轴承	6			主要承受径向载荷，也可承受一定的轴向载荷，应用广泛

类型	类型代号	结构简图	实物图	结构性能特点
角接触球轴承	7			同时承受径向和单向轴向载荷，接触角越大，轴向承载能力也越大，一般成对使用
推力圆柱滚子轴承	8			只能承受单向轴向载荷，承载能力比推力球轴承大得多，不允许有角偏差
圆柱滚子轴承	N			能承受较大的径向载荷，不能承受轴向载荷，内外圈可分离，允许少量轴向位移和角偏差。适用于重载和冲击载荷

3.2.4.5　滚动轴承的代号

滚动轴承的代号表示其结构、尺寸、公差等级和技术性能等特征要求，用字母和数字组成。按 GB/T 272—93 的规定，滚动轴承代号由基本代号、前置代号和后置代号构成，见表 3-2-2。

表 3-2-2　滚动轴承代号的构成

前置代号	基本代号					后置代号							
	五	四	三	二	一	1	2	3	4	5	6	7	8
成套轴承分部件代号	类型代号	尺寸系列代号 宽（高）度系列代号	尺寸系列代号 直径系列代号	内径代号		内部结构代号	外部形状变化、防尘与密封代号	保持架及其材料代号	轴承材料代号	公差等级代号	游隙代号	配置代号	其他代号
		组合代号											

A　基本代号

基本代号表示轴承的基本类型、结构和尺寸，是轴承代号的基础，它由基本类型、尺寸系列和内径代号三部分组成。

a　类型代号

类型代号用数字或大写拉丁字母表示，详见表 3-2-1 中类型代号。

b 尺寸系列代号

由轴承的宽（高）度系列代号和直径系列代号组合而成。其中，直径系列代号表示内径相同的同类轴承有几种不同的外径和宽度；宽度系列代号表示内外径相同的同类轴承宽度的变化。宽度系列代号为 0 时，在轴承代号中通常省略（在调心滚子轴承和圆锥滚子轴承中不可省略）。

对于向心轴承用宽度系列代号，代号有 8、0、1、2、3、4、5 和 6，宽度尺寸依次递增；对于推力轴承用高度系列代号，代号有 7、9、1 和 2，高度尺寸依次递增，如图 3-2-10 所示。

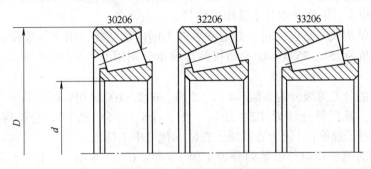

图 3-2-10 宽度系列示意图

直径系列代号有 7、8、9、0、1、2、3、4 和 5，其外径尺寸按顺序由小到大排列。在轴承代号中，轴承类型代号和尺寸系列代号以组合代号的形式表达。在组合代号中，轴承类型代号"0"省略，不表示；除 3 类轴承外，尺寸系列代号中的宽度系列代号"0"省略不表示，如图 3-2-11 所示。

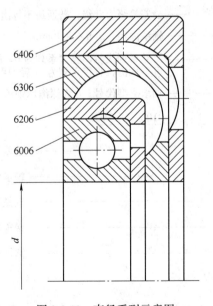

图 3-2-11 直径系列示意图

c 内径代号

一般由两位数字表示，并紧接在尺寸系列代号之后标写，见表 3-2-3。

表 3-2-3 内径 $d \geqslant 10$mm 的滚动轴承内径代号

内径代号（两位数）	00	01	02	03	04~96
轴承内径/mm	10	12	15	17	代号×5

B 前置、后置代号

a 前置代号

前置代号用字母表示成套轴承的分部件，代号及其含义可查阅《机械设计手册》。

b 后置代号

轴承的后置代号是用字母和数字等表示轴承的结构、公差及材料的特殊要求等等。后置代号的内容很多，下面介绍几个常用的代号。

（1）内部结构代号是表示同一类型轴承的不同内部结构，用字母紧跟着基本代号表示。如：接触角为 15°、25° 和 40° 的角接触球轴承分别用 C、AC 和 B 表示〔HotTag〕内部结构的不同。

（2）轴承的公差等级分为 2 级、4 级、5 级、6 级、6X 级和 0 级，共 6 个级别，依次由高级到低级，其代号分别为/PZ、/P4、/PS、/P6、/P6X 和/P0。公差等级中，6X 级仅适用于圆锥滚子轴承；0 级为普通级，在轴承代号中不标出。

（3）常用的轴承径向游隙系列分为 1 组、2 组、0 组、3 组、4 组和 5 组，共 6 个组别，径向游隙依次由小到大。0 组游隙是常用的游隙组别，在轴承代号中不标出，其余的游隙组别在轴承代号中分别用/C1、/C2、/C3、/C4、/C5 表示。

有关后置代号的其他项目组的代号可查相关手册。

C 示例说明

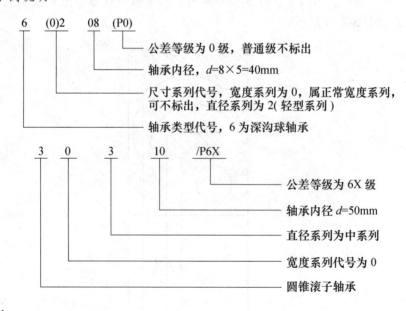

技能目标

3.2.5 轴承的主要失效形式

滚动轴承在使用过程中，由于很多原因造成其性能指标达不到使用要求时就产生了失效或损坏，常见的失效形式有磨损、腐蚀、蠕动、烧伤、电蚀、尺寸变化。

3.2.5.1　磨损

在力的作用下，两个相互接触的金属表面相对运动，产生摩擦，形成摩擦副。摩擦引起金属消耗或产生残余变形，使金属表面的形状、尺寸、组织或性能发生改变的现象称为磨损，如图 3-2-12 所示。

图 3-2-12　轴承的磨损

磨损过程包含两物体的相互作用、黏着、擦伤、塑性变形、化学反应等几个阶段。其中物体相互作用的程度对磨损的产生和发展起着重要的作用。

磨损的基本形式有疲劳磨损、黏着磨损、磨料（粒）磨损、微动磨损和腐蚀磨损等。

产生磨损的主要原因：

（1）异物通过了密封不良的装置（或密封圈）进入轴承内部。

（2）润滑不当。如润滑油中的杂质未过滤干净、润滑方式不良、润滑剂选用不当、润滑剂变质等。

（3）零件接触面上的材料颗粒脱离。

（4）锈蚀。如，由于轴承使用温度变化产生的冷凝水、润滑剂中添加剂的腐蚀性特质等原因形成的锈蚀。

实际中多数磨损属于综合性磨损，预防对策应根据磨损的形式和机理分别采取措施。

对于微动磨损，可以采用小游隙或过盈配合来减少使用过程中的微动磨损；可在套圈与滚动体之间采用稀润滑剂润滑或分别包装来减少运输过程的微动磨损；另外，轴承应放在无振动环境下保管，或将轴承内外圈隔离存放，可以防止保管过程中产生的微动磨损。

对于黏着磨损可以采取提高加工精度、增强润滑效果等措施来解决。对于磨料（粒）磨损，可以采用表面强化处理、表面润滑处理（如渗硫、磷化、表面软金属膜涂层等）、改善轴承密封结构、提高零件加工精度、保证润滑油过滤质量、减少制造和使用过程中对表面的损伤等方法来解决。

对于腐蚀磨损，应减少轴承使用环境中腐蚀物质的侵入，对零件表面进行耐腐蚀处理或采用耐腐蚀材料制造产品等手段来解决。另外，还可以从产品结构设计和制造的角度进行改进，如提高零件的加工精度、减少磨削加工中产生的变质层、保证弹性流体动压润滑膜等实现预防磨损的目的。

3.2.5.2　腐蚀

金属与其所处环境中的物质发生化学反应或电化学反应变化所引起的消耗称为腐蚀，如图 3-2-13 所示。

图 3-2-13　轴承的腐蚀

金属腐蚀的形式多种多样，按金属与周围介质作用的性质来分可以分为化学腐蚀和电化学腐蚀两类。

化学腐蚀是由金属与周围介质之间的纯化学作用引起的。其过程中没有电流产生，但有腐蚀物质产生。这种物质一般都覆盖在金属表面上，形成一层疏松膜。化学反应形成的腐蚀机理比较简单，主要是物体之间通过接触产生了化学反应，如金属在大气中与水产生化学反应形成的腐蚀（又称为锈蚀）。电化学腐蚀是由金属与周围介质之间产生电化学作用引起的。其基本特点是在腐蚀的同时又有电流产生。电化学反应的腐蚀机理主要是微电池效应。

就滚动轴承而言，产生腐蚀的主要原因有：

（1）轴承内部或润滑剂中含有水、碱、酸等腐蚀物质；
（2）轴承在使用中的热量没有及时释放，冷却后形成水分；
（3）密封装置失效；
（4）轴承使用环境湿度大；
（5）清洗、组装、存放不当。

腐蚀产生部位：零件各表面都会有。按程度有腐蚀斑点或腐蚀坑（洞），斑点和蚀坑一般呈零星或密集分布，形状不规则，深度不定，颜色有浅灰色、红褐色、灰褐色、黑色。

对于金属材料来说，消除腐蚀是比较困难的，但可以减缓腐蚀的发生，防止轴承与腐蚀物质接触，可以通过合金化、表面改性等方法提高耐腐蚀能力，使得金属表面形成一层稳定致密与基体结合牢固的钝化膜。

3.2.5.3　蠕动

受旋转载荷的轴承套圈，如果选用间隙配合，在配合表面上会发生圆周方向的相对运动，使配合面上产生摩擦、磨损、发热、变形，造成轴承不正常损坏。这种配合面周向的微小滑动称为蠕动或爬行，如图 3-2-14 所示。

图 3-2-14　轴承内径的蠕动腐蚀

　　蠕动形成的机理是当内圈与轴配合过盈量不足时，在内圈与轴之间的配合面上因受力产生弹性变形而出现微小的间隙，造成内圈与轴旋转时在圆周方向上的不同步、打滑，严重时在压力作用下发生金属滑移。在外圈与壳体也同样会出现类似的情况。

　　蠕动形貌特征在一些方面具有腐蚀磨损和微动磨损的某些特征。蠕变在形成过程中也有一些非常细小的磨损颗粒脱落并立即局部氧化，生成一种类似铁锈的腐蚀物。其区别主要根据它们的位置和分布来判断，如果零件没有受到腐蚀又出现了褐色锈斑，锈斑的周围常常围绕着一圈碾光区，出现的部位又在轴承的配合表面上，那么可能就是蠕动。发生蠕动的配合面上，或出现镜面状的光亮色，或暗淡色，或咬合状，蠕动部位与零件原表面有明显区别。

　　在轴承的端面由于轴向压紧力不足，或悬臂轴频繁挠曲，运转一定时间后也会出现蠕动的特征。

　　产生蠕动的主要原因是内外圈与轴或轴承座的配合过盈量不足，或载荷方向发生了变化。

　　预防的措施：采用过盈配合并适当提高过盈量，在采用间隙配合的场合可用黏结剂将两个配合面固定或沿轴（或轴承座）的轴向方向将轴承紧固。

3.2.5.4　烧伤

　　轴承零件在使用中受到异常高温的影响，又得不到及时冷却，使零件表面组织产生高温回火或二次淬火的现象称为烧伤，如图 3-2-15 所示。

　　烧伤产生的主要原因是润滑不良、预载荷过大、游隙选择不当、轴承配置不当、滚道表面接触不良、应力过大等因素。如：

　　（1）在轴向游动轴承中，如果外圈配合的过紧，不能在外壳孔中移动；

　　（2）轴承工作中运转温度升高，轴的热膨胀引起很大的轴向力，而轴承又无法轴向移动时；

　　（3）由于润滑不充分，或润滑剂选用不合理、质量问题、老化和变质等；

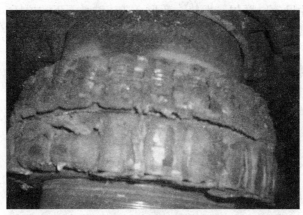

图 3-2-15　轴承高温烧结

（4）内外圈运转温度差大，加上游隙选择不当，外圈膨胀小内圈大，呈过盈，导致轴承温度急剧升高；

（5）轴承承受的载荷过大和载荷分布均匀，形成应力集中；

（6）零件表面加工粗糙，造成接触不良或油膜形成困难。

烧伤的形貌特征可以根据零件表面的颜色不同来判断。轴承在使用中由于润滑剂、温度、腐蚀等原因，零件表面会发生变化，颜色主要有淡黄色、黄色、棕红色、紫蓝色及蓝黑色等，其中淡黄色、黄色、棕红色属于变色，若出现紫蓝色或蓝黑色的为烧伤。烧伤容易造成零件表面硬度下降或出现微裂纹。

烧伤产生的部位主要发生在零件的各接触表面上，如圆锥滚子轴承的挡边工作面、滚子端面、应力集中的滚表面等。烧伤的预防可根据烧伤产生的原因有针对性地采取措施。如正确选用轴承结构和配置，避免轴承受过大的载荷，安装时采用正确的安装方式防止应力集中、保证润滑效果等。

3.2.5.5　电蚀

电蚀是由电流放电引起，致使轴承零件表面出现电击的伤痕，此种损伤称为电蚀。在两零件接触面间一般存在一层油膜，该油膜一定有的绝缘作用，当有电流通过轴承内部时，在两面三刀零件接触表面形成电压差，当电压差高到足以击穿绝缘层时就会在两零件接触表面处产生火区放电，击穿油膜放电，产生高温，造成局部表面的熔融，形成弧凹状或沟蚀，如图 3-2-16 所示。

受到电蚀的零件，其金属表面被局部加热和熔化，在放大镜下观察损伤区域一般呈现斑点、凹坑、密集的小坑，有金属熔融现象，电蚀坑呈现火山喷口状。电蚀会使零件的材料硬度下降，并加快磨损发生速度，也会诱发疲劳剥落。预防电蚀的措施是在焊接或其他带电体与轴承接触时加强轴承的绝缘或接地保护，防止电荷的聚集并形成高的电位差，避免放电现象产生，防止电流与轴承接触。

3.2.5.6　尺寸变化

轴承运转一定时间以后，会出现游隙减小或增大的现象。通过对零件尺寸检测可以发

图 3-2-16　轴承的电蚀

现轴承内外圈或滚动体直径方向的尺寸发生了变化（增大或减小），影响轴承的正常旋转精度。若没有了游隙，会出现摩擦磨损加剧、工作温度上升，甚至"卡死"等现象。若游隙变大，会出现振动或噪声增大、旋转精度降低、应力集中等情况。轴承内径增大还很可能出现"甩圈"现象。

　　轴承零件在热处理过程中，保留了一定数量的残余奥氏体，而奥氏体是一种不稳定相，随着时间或温度的变化，奥氏体将逐步转变为较稳定的马氏体组织，由于马氏体组织的体积大于奥氏体组织，因此，在转变过程中零件的体积将发生涨大，而马氏体组织自身也会产生分解，马氏体分解的结果会出现尺寸收缩的现象。轴承工作温度高对奥氏体的转变和马氏体的分解有促进作用。还有一种情况，零件在内应力释放过程中也会引起尺寸的改变。

3.2.6　轴承的清洗

　　新买的轴承上面绝大多数都涂有油脂。这些油脂主要用于防止轴承生锈，并不起润滑作用，因此，必须经过彻底清洗才能安装使用。

3.2.6.1　清洗的方法

　　凡用防锈油封存的轴承，可用汽油或煤油清洗。凡用厚油和防锈油脂（如工业用凡士林）防锈的轴承，可先用 10 号机油或变压器油加热溶解清洗（油温不得超过 100℃），把轴承浸入油。待防锈油脂溶化取出冷却后，再用汽油或煤油清洗。凡用气相剂、防锈水和其他水溶性防锈材料防锈的轴承，可用皂类基其他清洗剂，诸如 664、平平加、6503、6501 等清洗剂清洗。

　　用汽油或煤油清洗时，应一手捏住轴承内圈，另一手慢慢转动外圈，直至轴承的滚动体、滚道、保持架上的油污完全洗掉之后，再清洗净轴承外圈的表面。清洗时还应注意，开始时宜缓慢转动，往复摇晃，不得过分用力旋转，否则，轴承的滚道和滚动体易被附着的污物损伤。轴承清洗数量较大时，为了节省汽油、煤油和保证清洗质量，可分粗、细清洗两步进行，如图 3-2-17 所示。

　　对于不便拆卸的轴承，可用热机油冲洗。即以温度 90～100℃ 的热机油淋烫，使旧油

图 3-2-17 　轴承清洗的方法

溶化，用铁钩或小勺把轴承内旧油挖净，再用煤油将轴承内部的残余旧油、机油冲净，最后用汽油冲洗一遍即可。

3.2.6.2 　轴承清洗质量的检验

轴承的清洗质量靠手感检验。轴承清洗完毕后，仔细观察，在其内外圈滚道里、滚动体上及保持架的缝隙里总会有一些剩余的油。检验时，可先用干净的塞尺铲将剩余的油刮出，涂于拇指上，用食指来回慢慢搓研，手指间若有沙沙响声，说明轴承未清洗干净，应再洗一遍。最后将轴承拿在手上，捏住内圈，拨动外圈水平旋转（大型轴承可放在装配台上，内圈垫垫，外圈悬空，压紧内圈子，转动外圈），以旋转灵活、无阻滞、无跳动为合格，如图 3-2-18 所示。

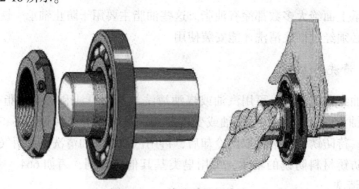

图 3-2-18 　清洗质量的检验

3.2.6.3 　注意事项

清洗好的轴承，添加润滑剂后，应放在装配台上，下面垫以净布或纸垫，不允许直接用手拿，应戴手套或用净布将轴承包起后再拿，避免使轴承产生指纹锈，如图 3-2-19 所示。

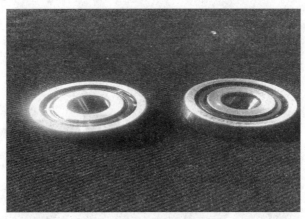

图 3-2-19 清洗后的轴承

3.2.7 轴承的安装

3.2.7.1 安装前准备

（1）准备好安装所需的工具设备、手套、抹布、滑油等；

（2）对主机安装配合表面可能存在的毛刺、锈斑、磕碰凸痕、附着物做彻底清除，如图 3-2-20 所示；

（3）对轴承、附件、轴承位进行认真清洗，清洗剂可用汽油、煤油、WD 等，然后涂上润滑油（脂）。

图 3-2-20 轴承安装前准备

3.2.7.2 轴承安装的常见错误和禁忌

（1）随意敲打轴承的内圈和外圈或者靠外圈或者内圈传递力，如图 3-2-21、图 3-2-22 所示。

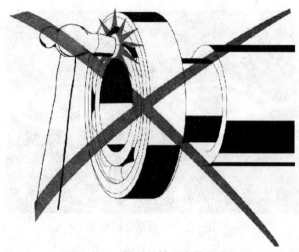

图 3-2-21　错误的轴承安装方法 1

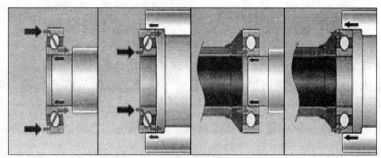

图 3-2-22　错误的轴承安装方法 2

（2）用明火直接加热轴承，如图 3-2-23 所示。

图 3-2-23　错误——用明火给轴承加热

3.2.7.3　轴承安装方法

常见的轴承安装方法有冷装/机械法、热装法、注油/液压法。

A　冷装/机械法

该方法适用于小型（直径小于 80mm）的圆柱孔轴承（最典型的是深沟球轴承），尤其是在过盈量比较小或者间隙配合时最合适，如图 3-2-24 所示。随着轴承直径的增加和过盈量的增加，这种方法将越来越不适用，应该考虑液压或者热安装的方法。

所有的圆柱滚子轴承都可以采用这种方法。

安装要点：禁止用手锤直接敲击内圈或者外圈，禁止用外圈向内圈传递力使其前进，禁止用内圈向外圈传递力使其前进。

图 3-2-24　冷装/机械法

（1）轴承外圈与轴承箱配合时，使用润滑油轻微润滑轴承的外圆表面和轴承箱表面。确保轴承安装后与轴承箱垂直。注意安装时施力在外圈，如图 3-2-25 所示。

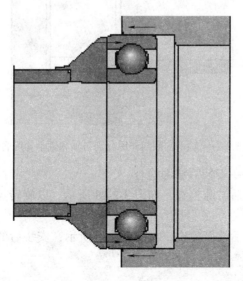

图 3-2-25　轴承外圈与轴承箱配合时

（2）轴与轴承内圈配合时，用润滑油轻微润滑轴承的内孔与轴，确保轴承安装后与轴垂直。注意安装时施力在内圈，如图 3-2-26 所示。

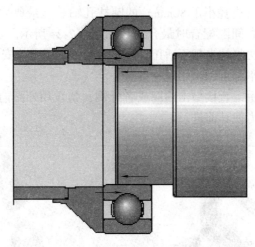

图 3-2-26　轴与轴承内圈配合时

（3）轴承内圈与外圈分别与轴和轴承箱配合时，安装时结合内圈与轴、外圈与轴承箱的安装方法进行安装。注意安装时同时施力在内外圈，如图 3-2-27 所示。

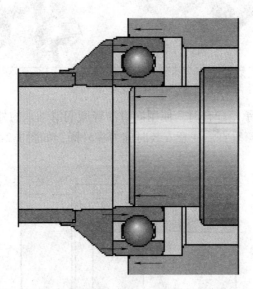

图 3-2-27　轴承内圈与外圈分别与轴和轴承箱配合时

（4）冷装/机械法——安装后游隙检查：

1）旋转法进行安装后游隙检查，如图 3-2-28 所示，以旋转灵活、无阻滞、无跳动为合格；

2）测量法进行安装后游隙检查，如图 3-2-29 所示，安装后的游隙与安装前轴承自身的游隙一致。

B　热装法

对于安装过盈量较大的轴承或大尺寸轴承，为了便于安装，可利用热胀冷缩原理，将轴承加热后用铜棒、套筒和手锤安装。轴承及轴承座壳体孔加热温度一般在 100℃ 以下，

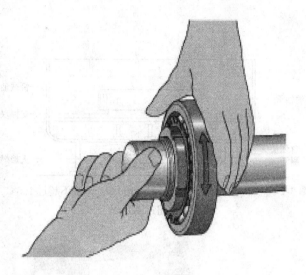

图 3-2-28 旋转法

图 3-2-29 测量法

80~90℃较为合适。温度过高时，易造成轴承套圈滚道和滚动体退火，影响硬度和耐磨性，导致轴承寿命降低及过早报废。

利用加热法安装轴承时，油温达到规定温度 10min 后，应迅速将轴承从油液中取出，趁热装于轴上。必要时，可用安装工具在轴承内圈端面上稍加一点压力，这样更容易安装。轴承装于轴上后，必须立即压住内圈，直到冷却为止。现在常用的加热方法有以下两种：

（1）油浴加热，如图 3-2-30 所示。

（2）电感应加热器加热，如图 3-2-31 所示为电感应加热器，如图 3-2-32 所示为电感应加热器加热安装原理。

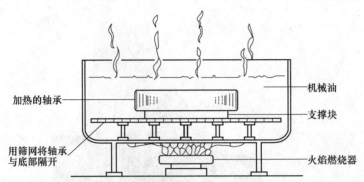

图 3-2-30　油浴加热（油温在 80~100℃，一般不超过 100℃，
最高不超过 120℃）

图 3-2-31　电感应加热器加热

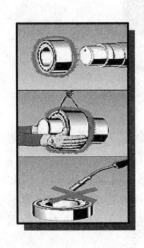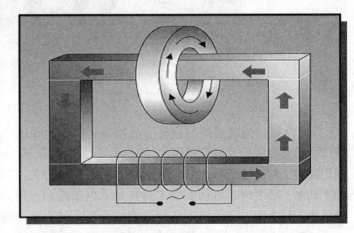

图 3-2-32　电感应加热器加热原理

C　注油/液压法

对于较大的轴承，注油/液压法已经被证明是有价值的。液压螺母被拧到轴颈的螺纹端或者套筒的螺纹上，这样环形活塞可以贴着轴承内圈，螺母套在轴上，或者轴的末端固

定一个圆盘。如图 3-2-33 所示，是在锥形轴颈上安装球面滚子轴承并在紧定套套筒和退卸套筒上安装液压螺母。除了液压螺母外还用了注油法。

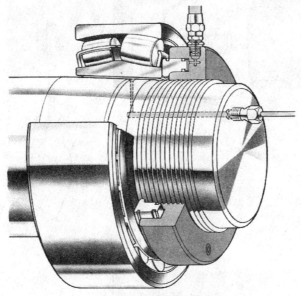

图 3-2-33　注油/液压法

用注油法，高压油被引导到啮合面。形成的油膜将啮合面分开，使摩擦大为减轻。这个方法主要用于直接在锥形轴颈上安装轴承，并且也用于在带喷油导管的紧定套和退卸套筒上装配轴承时用。所需压力由液压法器或泵产生，机油顺着轴或套筒中的导管和导流槽流到啮合面。在设计轴承布置时要考虑到轴上需要有导管和导流槽。

3.2.8　轴承的拆卸

如果轴承在拆卸后需要再次使用，拆卸时施加的作用力绝对不可以通过滚动体来传递。对于分离式轴承，与滚动体保持架组件在一起的轴承套圈可以与另一个轴承套圈分开拆卸。而拆卸非分离型的轴承时，应先把以间隙配合的轴承套圈卸下，拆卸过盈配合的轴承，需要根据其类型、尺寸和配合方式，使用不同的工具。

3.2.8.1　拆卸安装在圆柱形轴径上的轴承

拆卸较小型轴承时，可通过合适的冲头，轻轻敲击轴承套圈的侧面将其从轴上卸下，更佳的方法是使用机械拉拔器，如图 3-2-34 所示。拉抓应作用于内圈或相邻部件。如果轴肩和轴承座孔肩预留了可容纳拉拔器拉抓的凹槽，则可以简化拆卸过程。此外，在孔肩的位置加工一些螺纹孔，便于螺栓把轴承顶出，如图 3-2-35 所示。

大中型轴承所需的力通常要比机械工具所能提供的更大。因此，建议使用液压助力工具或注油法，或两者一起使用。这意味着需要在轴上设计有油孔和油槽，如图 3-2-36 所示。

拆卸滚针轴承或 NU、NJ 和 NUP 型圆柱滚子轴承的内圈时，适合使用热拆卸方法。常用的两种加热工具包括加热环和可调式感应加热器。

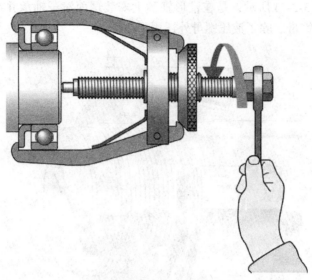

图 3-2-34　机械拉拔器拆卸

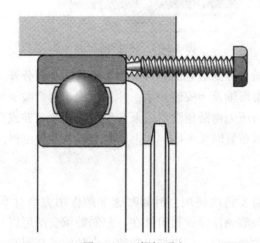

图 3-2-35　螺钉顶出

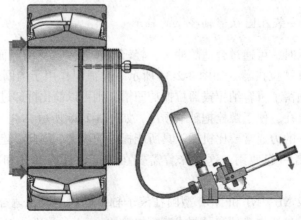

图 3-2-36　注油法拆卸

加热环通常用于安装和拆卸与其尺寸相同的中小型轴承的内圈。加热环由轻合金制成。加热环带有径向开槽，且配备电绝缘手柄，如图 3-2-37 所示。

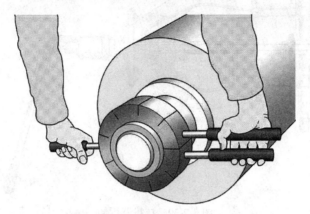

图 3-2-37　加热环拆卸

如果经常拆卸不同直径的内圈，建议使用可调式感应加热器。这些加热器（图 3-2-38 所示）可以迅速加热内圈，而不会使轴变热。拆卸大型的圆柱滚子轴承的内圈时，可以使用一些特殊的固定式感应加热器。

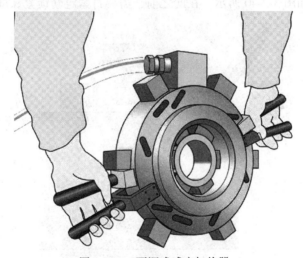

图 3-2-38　可调式感应加热器

3.2.8.2　拆卸安装在圆锥形轴径上的轴承

使用机械或液压助力拉拔器拉住内圈，即可拆卸小型轴承。某些拉拔器配有弹簧操作臂，使用这种有自对心设计的拉拔器，可以简化程序、避免损坏轴颈。倘若不能在内圈上使用拉拔器拉爪，则应经由外圈，或采用拉拔器结合拉拔片的方式拆卸轴承，如图 3-2-39 所示。

使用注油法时，中大型轴承的拆卸会更加安全简单。这种方法在高压下通过油孔和油槽将液压油注入两个圆锥形配合面之间，使两个表面之间的摩擦大幅减少，并产生使轴承和轴径分开的轴向力。

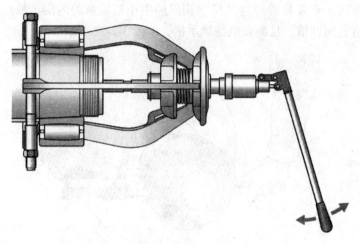

图 3-2-39　拉拔器拆卸

3.2.8.3　拆卸紧定套上的轴承

对安装在紧定套配置身轴上的小型轴承，可以使用锤子敲击均匀作用在轴承内圈端面的小钢块来拆卸，如图 3-2-40 所示。在此之前，需要将紧定套锁紧螺母拧松数圈。

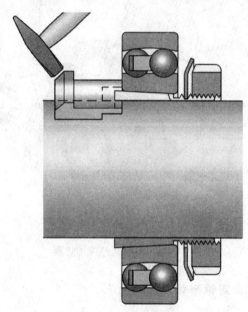

图 3-2-40　锤子拆卸

对安装于紧定套配阶梯轴上的小型轴承，可以使用锤子通过一个特制的套筒敲击紧定套锁紧螺母的小端面来拆卸，如图 3-2-41 所示。在此之前，需要将紧定套锁紧螺母拧松数圈。

对于安装在紧定套配阶梯轴上的轴承，使用液压螺母可使轴承拆卸更简便。为此必须在紧靠液压螺母活塞的位置安装合适的止动装置，如图 3-2-42 所示，注油法是更简易的方法，但必须使用带有油孔和油槽的紧定套。

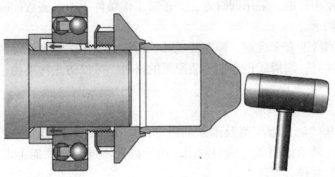

图 3-2-41　特制套筒拆卸

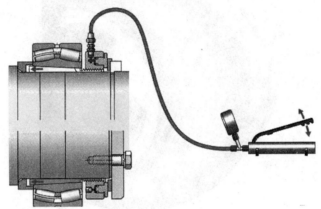

图 3-2-42　注油法拆卸

3.2.9　轴承的润滑

3.2.9.1　轴承润滑的作用

润滑对滚动轴承的疲劳寿命和摩擦、磨损、温度、振动等有重要影响，没有正常的润滑，轴承就不能工作。分析轴承损坏的原因表明，40%左右的轴承损坏都与润滑不良有关。因此，轴承的良好润滑是减小轴承摩擦和磨损的有效措施。除此之外，轴承的润滑还有散热、防锈、密封、缓和冲击等多种作用，轴承润滑的作用可以简要地说明如下：

（1）在相互接触的二滚动表面或滑动表面之间形成一层油膜把二表面隔开，减少接触表面的摩擦和磨损。

（2）采用油润滑时，特别是采用循环油润滑、油雾润滑和喷油润滑时，润滑油能带走轴承内部的大部分摩擦热，起到有效的散热作用。

（3）采用脂润滑时，可以防止外部的灰尘等异物进入轴承，起到封闭作用。

（4）润滑剂都有防止金属锈蚀的作用。

（5）延长轴承的疲劳寿命。

3.2.9.2　脂润滑和油润滑的比较

轴承的润滑方法大致分为脂润滑和油润滑两种。为了充分发挥轴承的功能，重要的是根据使用条件和使用目的，采用润滑方法。正常工作条件下，大多数的应用场合中使用润滑脂来润滑滚动轴承。

润滑脂对比润滑油有个优点，即在装配轴承时它更易保留下来，特别是安装倾斜轴或竖直轴的地方。同时，润滑脂也有助于装配时的密封，可以防止污染物、湿气或水进入。

3.2.9.3　脂润滑

脂润滑是由基础油、增稠剂及添加剂组成的润滑剂，如图 3-2-43 所示。当选择时，应选择非常适合于轴承使用条件的润油脂，由于商标不同，在性能上也将会有很大的差别，所以在选择的时候必须注意。

图 3-2-43　脂润滑

轴承常用的润滑脂有钙基润滑脂、钠基润滑脂、钙钠基润滑脂、锂基润滑脂、铝基润滑脂和二硫化钼润滑脂等，如图 3-2-44 所示。

图 3-2-44　各种脂润滑

轴承中充填润滑脂的数量，以充满轴承内部空间的 1/2～1/3 为适宜。高速时应减少至 1/3。过多的润滑脂将使温升增高。

3.2.9.4　润滑脂的选择

按照工作温度选择润滑脂时，主要指标应是滴点、氧化安定性和低温性能，滴点一般可用来评价高温性能，轴承实际工作温度应低于滴点 10~20℃。合成润滑脂的使用温度应低于滴点 20~30℃。

根据轴承负荷选择润滑脂时，对重负荷应选针入度小的润滑脂。在高压下工作时除针入度小外，还要有较高的油膜强度和极压性能。

根据环境条件选择润滑脂时，钙基润滑脂不易溶于水，适于干燥和水分较少的环境。

3.2.9.5 油润滑

在高速、高温的条件下，脂润滑已不适应时可采用油润滑，如图 3-2-45 所示。通过润滑油的循环，可以带走大量热量。黏度是润滑油的重要特性，黏度的大小直接影响润滑油的流动性及摩擦面间形成的油膜厚度，轴承工作温度下润滑油的黏度一般是 12~15cst。转速愈高应选较低的黏度，负荷愈重应选较高的黏度。常用的润滑油有机械油、高速机械油、汽轮机油、压缩机油、变压器油、气缸油等。

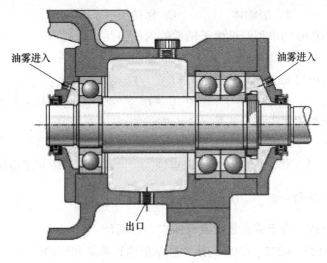

油雾进入　　　　　　　　　　　　　　　　　　油雾进入

出口

图 3-2-45　油润滑

油润滑方法包括：

（1）油浴润滑。油浴润滑是最普通的润滑方法，适于低、中速轴承的润滑，轴承一部分浸在油槽中，润滑油由旋转的轴承零件带起，然后又流回油槽，油面应稍低于最低滚动体的中心。

（2）滴油润滑。滴油润滑适于需要定量供应润滑油的轴承部件，滴油量一般每 3~8s 一滴为宜，过多的油量将引起轴承温度增高。

（3）循环油润滑。用油泵将过滤的油输送到轴承部件中，通过轴承后的润滑油再过滤冷却后使用。由于循环油可带走一定的热量，使轴承降温，故此法适用于转速较高的轴承部件。

（4）喷雾润滑。用干燥的压缩空气经喷雾器与润滑油混合形成油雾，喷射轴承中，气流可有效地使轴承降温并能防止杂质侵入。此法适于高速、高温轴承部件的润滑。

（5）喷射润滑。用油泵将高压油经喷嘴射到轴承中，射入轴承中的油经轴承另一端流入油槽。在轴承高速旋转时，滚动体和保持架也以相当高的旋转速度使周围空气形成气流，用一般润滑方法很难将润滑油送到轴承中，这时必须用高压喷射的方法将润滑油喷至轴承中，喷嘴的位置应放在内圈和保持架中心之间。

3.2.10　知识检测

3.2.10.1　选择题

（1）滚动轴承的代号由基本代号及后置代号组成，其中基本代号表示（　　　）。

A. 轴承的类型、结构和尺寸　　　　　　　　B. 轴承组件

C. 轴承内部结构的变化和轴承公差等级　　　D. 轴承游隙和配置

（2）代号为 3108、3208、3308 的滚动轴承的（　　　）相同。

A. 外径　　　　　B. 内径　　　　　C. 精度　　　　　　D. 类型

（3）圆锥滚子轴承的（　　　）与内圈可以分离，故其便于安装和拆卸。

A. 外圈　　　　　B. 滚动体　　　　　C. 保持架

（4）代号为 30310 的单列圆锥滚子轴承的内径为（　　　）。

A. 10mm　　　　　B. 100mm　　　　　C. 50mm

（5）代号为 N1022 的轴承内径应该是（　　　）。

A. 11　　　　　B. 22　　　　　C. 44　　　　　　D. 110

（6）滚动轴承的主要失效形式是（　　　）。

A. 滚动体破裂　　　　　　　　　　　　B. 滚道磨损

C. 滚动体与滚道工作表面上产生疲劳点蚀　　　D. 滚动体与滚道间产生胶合

3.2.10.2　判断题

（1）滚动轴承较适合于载荷较大或有冲击力的场合。（　　　）

（2）代号为 6107、6207、6307 的滚动轴承的内径都是相同的。（　　　）

（3）在正常转速的滚动轴承中，最主要的失效形式是疲劳点蚀。（　　　）

（4）在使用条件相同的条件下，类型代号越大，滚动轴承的承载能力越大。（　　　）

（5）在使用条件相同的条件下，代号相同的滚动轴承寿命是相同的。（　　　）

（6）公称内径为 0.6~10mm 的非整数内径，内径代号一般用公称内径的毫米数直接表示。（　　　）

（7）滚动轴承的后置代号用字母或字母加数位元表示。（　　　）

（8）轴承代号为 618/1.5，则这套轴承的公称内径为 1.5mm。（　　　）

（9）轴承代号为 6203，则这套轴承的内径为 15mm。（　　　）

（10）滚动轴承密封装置的作用是防止灰尘、水分等其他污物进入轴承，以及防止润滑油从轴承箱内流出。（　　　）

（11）正确的润滑可以提高轴承的使用寿命，而且能减少轴承的磨损、降低能耗、加快散热、防止烧伤、预防锈蚀、降低振动和噪声等作用。（　　　）

（12）安装滚动轴承时可以滚动体传递装卸力。（　　　）

（13）安装不当是轴承过早损坏的主要原因之一。（　　　）

3.2.10.3　简答题

（1）滚动轴承的装配方法有哪些？

（2）滑动轴承常见的故障现象有哪些？

（3）滚动轴承润滑的作用是什么？

（4）轴承的作用是什么？

任务 3.3　减速机

项目教学目标

知识目标：

（1）了解常见减速机的类型、特点；

（2）了解在陶瓷生产中减速机的典型应用；

（3）了解减速机的结构组成。

技能目标：

（1）掌握减速机的常见故障；

（2）掌握减速机的维护保养方法。

素质目标：

具有学习能力、分析故障和解决问题的能力。

知识目标

3.3.1　任务描述

减速器是一种由封闭在刚性壳体内的齿轮传动、蜗杆传动、齿轮-蜗杆传动组成的独立部件，常用作原动机与工作机之间的减速传动装置。在原动机和工作机或执行机构之间起匹配转速和传递转矩的作用，在现代机械中应用极为广泛。减速机是陶瓷生产的主要设备之一，本任务重点介绍减速机的分类、结构、特点及其使用维护保养。

3.3.2　常见减速机的类型、特点及应用

减速机在原动机和工作机或执行机构之间起匹配转速和传递转矩的作用，是一种相对精密的机械。使用它的目的是降低转速、增加转矩。它的种类繁多、型号各异，不同种类有不同的用途。减速器的种类繁多，按照传动类型可分为齿轮减速机、蜗杆减速机和行星齿轮减速机；按照传动级数不同可分为单级和多级减速器。

3.3.2.1　齿轮减速机

齿轮减速机一般用于低转速大扭矩的传动设备，大小齿轮的齿数之比就是传动比，如图 3-3-1 所示。

（1）适用范围：

1）高速轴转不大于 1500r/min；

图 3-3-1　齿轮减速机

2）齿轮传动圆周速度不大于 20m/s；

3）工作环境温度为−40~45℃，如果低于 0℃，启动前润滑油应预热至 0℃以上；

4）齿轮减速机可用于正反两个方向运转。

（2）机器特点：

1）齿轮采用高强度低碳合金钢经渗碳淬火制成，齿面硬度达 HRC58~62，齿轮均采用数控磨齿工艺，精度高、接触性好；

2）传动率高：单级大于 96.5%，双级大于 93%，三级大于 90%；

3）运转平稳，噪声低；

4）体积小、重量轻、使用寿命长、承载能力高；

5）易于拆检、易于安装，如图 3-3-2 所示。

图 3-3-2　齿轮减速机的拆解

（3）齿轮减速机在陶瓷生产中的典型应用。目前陶瓷球磨机生产中经常会采用大功率的电动机驱动齿轮减速机启动设备，球磨机在齿轮的传动力作用下开始转动，如图 3-3-3 所示。这样做的好处就是齿轮减速机在启动的时候就可以发挥缓冲作用，而球磨机设备的电动机也可以轻载运行压力，这样做还可以减少陶瓷球磨机启动时的电流应用标准。

图 3-3-3 球磨机中的齿轮减速机

在以上操作中不仅可以提高球磨机电机工作效率，还可以在电动机启动后再进行缓慢的加载操作，以此来促成陶瓷球磨机的顺利启动，同样也可以减少一部分启动时的机械冲击。另外，在运转时由于齿轮减速机的调速，我们可以获取陶瓷球磨机的最佳运转速度，并有效提升磨机的效率。

3.3.2.2 蜗杆减速机

蜗轮蜗杆减速机又简称为蜗杆减速机，因为蜗轮与蜗杆在减速器的应用当中都是成对出现的，如图 3-3-4 所示。减速器中有一个蜗杆就一定会有一个蜗轮，因此蜗杆减速器只是人们对蜗轮蜗杆减速器的一种口语化叫法。

蜗杆减速机是一种具有结构紧凑、传动比大，以及在一定条件下具有自锁功能的传动机械，是最常用的减速机之一。

（1）适用范围：

1）蜗轮蜗杆减速机的蜗杆转速不能超过 1500r/min。

2）工作环境温度为 $-40 \sim +40℃$，当工作环境温度低于 0℃ 时，起动前润滑油必须加热至 0℃ 以上；当工作环境温度高于 40℃ 时，必须采取冷却措施。

3）蜗轮减速机入轴可正反转动。

（2）机器特点：

1）机械结构紧凑、体积外形轻巧、小型高效，如图 3-3-5 所示；

2）热交换性能好、散热快；

3）安装简易、灵活轻捷、性能优越、易于维护检修；

4）运行平稳、噪声小、经久耐用；

5）使用性强、安全可靠性大。

图 3-3-4 蜗杆减速机

图 3-3-5 蜗杆减速机的结构

（3）蜗杆减速机在陶瓷生产中的典型应用。蜗杆传动方式具有的自锁止功能在机械应用很有用处，比如卷扬机、输送设备等。然而也是因为蜗轮蜗杆的摩擦传动方式，造成了蜗轮蜗杆的传动效率相对齿轮传动要低很多。不过要注意的一点是，不是所有的蜗轮传动都具有很好的自锁功能，蜗轮的自锁功能要达到一定的速比才能实现。

陶瓷生产中蜗杆减速机主要使用在物料传输上，如图 3-3-6 所示。

3.3.2.3 行星齿轮减速机

行星齿轮减速机是一种动力传达机构，利用齿轮的速度转换器，将马达的回转速度减

图 3-3-6　陶瓷生产线上的蜗杆减速机

速到适当过度，并得到较大转矩的机构，如图 3-3-7 所示。行星齿轮减速器传动轴上的齿数少的齿轮啮合输出轴上的大齿轮以达到减速的目的。

图 3-3-7　行星齿轮减速机

（1）适用范围：

1）使用在连续工作制的场合，同时允许正反两个方向运转。

2）输入轴的转速额定转数为 1500r/min，在输入功率大于 18.5kW 时建议采用 960r/min 的 6 极电机配套使用。

3）减速机的工作位置均为水平位置。在安装时的水平倾斜角一般小于 15°。

4）输出轴不能受较大的轴向力和径向力。

（2）机器特点：

1）体积小、质量小、结构紧凑、承载能力大，如图 3-3-8 所示。

2）传动效率高。由于行星齿轮传动结构的对称性，即它具有数个匀称分布的行星轮，使得作用中心轮和转臂（行星架）轴承中的反作用力能互相平衡，从而有利于达到

提高传动效率的作用。在传动类型选择恰当、结构布置合理的情况下，其单极效率值可达
0.97~0.99。

3）传动比大，可以实现运动的合成和分解。只要适当选择行星齿轮传动的类型及配
齿方案，便可以用少数几个齿轮获得很大的传动比。行星齿轮传动在其传动比很大时，仍
然可保持结构紧凑、质量小、体积小等许多优点。

4）运动平稳、抗冲击和振动能力强。

5）用料优质，结构复杂，制造和安装比较困难。

图 3-3-8　行星齿轮减速机的结构

（3）行星减速机在陶瓷生产中的典型应用。行星减速机具有高刚性、高精度（单级
可做到 1 分以内）、高传动效率（单级在 97%~98%）、高的扭矩/体积比、终身免维护等
特点。因为这些特点，行星减速机多数是安装在步进电机和伺服电机上，用来降低转速、
提升扭矩、匹配惯量，如图 3-3-9 所示。

图 3-3-9　传送带上使用的行星减速机

3.3.3 常见减速机的结构组成

3.3.3.1 齿轮减速机

齿轮减速机基本构造主要由传动零件（齿轮）、轴、轴承、箱体及其附件组成，如图 3-3-10 所示。

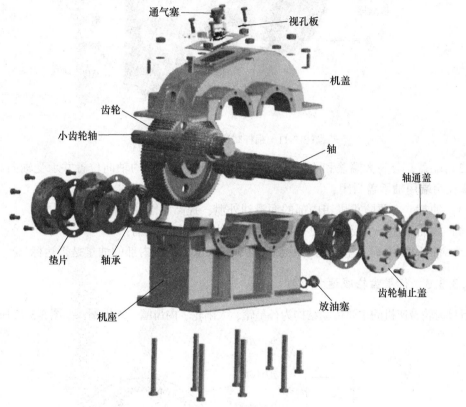

图 3-3-10 齿轮减速机的结构组成

其基本结构有三大部分：
（1）箱体；
（2）轴系零件；
（3）附件。

3.3.3.2 蜗杆减速机

蜗轮蜗杆减速机基本结构主要由传动零件蜗轮蜗杆、轴、轴承、箱体及其附件构成，如图 3-3-11 所示。可分为三大基本结构部件为箱体、蜗轮蜗杆、轴承与轴组合。箱体是蜗轮蜗杆减速机中所有配件的基座，是支撑固定轴系部件、保证传动配件正确相对位置并支撑作用在减速机上荷载的重要配件。蜗轮蜗杆主要用于传递两交错轴之间的运动和动力，轴承与轴的主要作用是动力传递、运转并提高效率。

（1）油盖/通气器，主要用于排出蜗轮蜗杆减速机机箱内的气体；

图 3-3-11 蜗杆减速机的结构组成

（2）端盖，分为大端盖和小端盖，端盖为固定轴系部件的轴向位置并承受轴向载荷，轴承座孔两端用轴承盖封闭；

（3）油封，主要防止机箱内部的润滑油外泄，提高润滑油的使用时间；

（4）放油螺塞，主要用于更换润滑油时排放污油和清洗剂；

（5）油标盖/油标，主要用于观察蜗轮蜗杆减速机机箱内部的油量是否达标。

3.3.3.3 行星齿轮减速机

行星齿轮减速机的主要传动结构为行星轮、太阳轮、内齿圈、外齿圈，如图 3-3-12 所示。

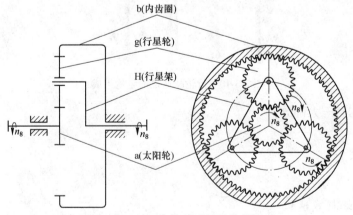

图 3-3-12 行星齿轮减速机的结构组成

技能目标

3.3.4 减速机常见的故障

由于减速机运行环境恶劣，常会出现磨损、渗漏等故障，最主要的几种如下：

（1）减速机轴承室磨损，其中又包括壳体轴承箱、箱体内孔轴承室、变速箱轴承室的磨损，如图 3-3-13 所示。

图 3-3-13 减速机轴承室磨损

（2）减速机齿轮轴轴径磨损，主要磨损部位在轴头、键槽等，如图 3-3-14 所示。

图 3-3-14 减速机齿轮轴轴径磨损

（3）减速机传动轴轴承位磨损，如图 3-3-15 所示。

图 3-3-15 减速机传动轴轴承位磨损

（4）减速机结合面渗漏，如图 3-3-16 所示。

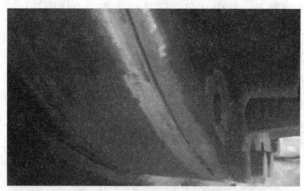

图 3-3-16　减速机结合面渗漏

3.3.5　减速机的维护保养

为了保证减速机正常工作，除了按操作规程正常使用、运行过程中注意正常监视和维护外，还应该进行定期检查，做好减速机维护保养工作。这样可以及时消除一些毛病，防止故障发生，保证减速机安全可靠地运行。定期维护的时间间隔可根据减速机的形式结合使用环境决定。定期维护的内容如下：

（1）清擦减速机。及时清除减速机机座外部的灰尘、油泥。如使用环境灰尘较多，最好每天清扫一次。

（2）检查和清擦减速机接线端子。检查接线盒接线螺丝是否松动、烧伤。

（3）检查各固定部分螺丝，包括地脚螺丝、端盖螺丝、轴承盖螺丝等。将松动的螺母拧紧。

（4）检查传动装置、检查皮带轮或联轴器有无裂纹、损坏，安装是否牢固；皮带及其联结扣是否完好。

（5）减速机的启动设备，也要及时清擦外部灰尘、泥垢，擦拭触头，检查各接线部位是否有烧伤痕迹，接地线是否良好。

（6）轴承的检查与维护。轴承在使用一段时间后应该清洗，更换润滑脂或润滑油。清洗和换油的时间应根据减速机的工作情况、工作环境、清洁程度、润滑剂种类确定，一般每工作 3~6 个月应该清洗一次，重新换润滑脂。

3.3.6　知识检测

3.3.6.1　选择题

（1）减速机是在原动机和工作机或执行机构之间起（　　）转速和传递转矩的作用。

A. 提高　　　　　　　　B. 降低　　　　　　　　C. 匹配　　　　　　　　D. 调整

（2）地脚安装，也称（　　）安装。

A. 卧式　　　　　　　　B. 简易　　　　　　　　C. 立式　　　　　　　　D. 可靠

（3）减速机箱体内的润滑属于（　　）。

A. 滴油润滑　　　　　B. 飞溅润滑　　　　　C. 内在润滑　　　　　D. 压力循环润滑

（4）减速机工作环境温度为（　　　）。

A. −40 ~ +28℃　　　　　　　　　　B. −40 ~ +40℃

C. −28 ~ +40℃　　　　　　　　　　D. −28 ~ +28℃

（5）每天工作 10 小时以上的减速机的换油周期为（　　　）。

A. 3 个月　　　　　　B. 6 个月　　　　　　C. 12 个月

（6）陶瓷生产摇臂升降机所用的减速机为（　　　）。

A. 蜗杆减速机　　　　B. 齿轮减速机　　　　C. 行星齿轮减速机

（7）陶瓷生产球磨机所用的减速机为（　　　）。

A. 蜗杆减速机　　　　B. 齿轮减速机　　　　C. 行星齿轮减速机

3.3.6.2　判断题

（1）减速机是一种由封闭在刚性壳体内的齿轮传动、蜗杆传动、齿轮-蜗杆传动组成的独立部件。　　　　　　　　　　　　　　　　　　　　　　　　　　（　　　）

（2）为防止润滑油流失和外界灰尘进入箱内，在轴承端盖和外伸轴之间应装有密封元件。　　　　　　　　　　　　　　　　　　　　　　　　　　　　　　（　　　）

（3）为保证减速机安置在基础上的稳定性并尽可能减少箱体底座平面的机械加工面积，箱体底座一般要采用完整的平面。　　　　　　　　　　　　　　　　（　　　）

（4）当传动连接件有突出物或采用齿轮、链轮传动时，应考虑加装防护装置，输出轴上承受较大的径向载荷时，应选用加强型。　　　　　　　　　　　　　（　　　）

（5）需装力矩臂时，应是在相互链接状态下安装。　　　　　　　　　（　　　）

（6）减速机能将电机的高转速变成机器或部件设计所要求的转速。　（　　　）

（7）减速机箱体主要起到支撑和承受轴上载荷，同时形成密闭的空间的作用。

（　　　）

（8）通常把减速机输入轴齿轮和轴做成一成体。　　　　　　　　　　（　　　）

（9）减速机呼吸器用于平衡减速机内外压差。　　　　　　　　　　　（　　　）

（10）减速机按照传动的级数分为单级和多级减速机。　　　　　　　（　　　）

3.3.6.3　简答题

（1）简述减速机的作用？常见的有哪几种减速机？

（2）蜗杆减速机的特点是什么？

模块 4 陶瓷企业机械设备的维护保养

任务 4.1 通用设备的维护保养

项目教学目标

知识目标：
(1) 了解陶瓷机械生产设备维护保养的目的、要求和重要性；
(2) 了解陶瓷机械生产设备维护保养的基本制度。

技能目标：
(1) 能对常见陶瓷机械设备进行日常的维护保养；
(2) 能排除比较简单及常见的设备故障。

素质目标：
具有动手能力、学习能力、分析故障和解决问题的能力。

知识目标

4.1.1 设备维护保养的目的和要求

设备在使用过程中，其性能总是要不断劣化的，只有通过系统的维护保养，才能实现保护其原始性能、保护投资、避免不可预见的停机及生产损失、节约能源、改进安全、保护环境、提高产品质量和创造效益的目的。

4.1.1.1 设备维护保养的必要性

设备的维护保养是操作工人为了保持设备的正常技术状态，延长使用寿命所必须进行的日常工作，也是操作工人的主要责任之一。如果缺乏正确合理的设备维护保养，可能会造成以下后果：
(1) 不整洁的机器设备，影响操作人员的情绪；
(2) 机器设备保养不讲究，对产品的质量也就随之不讲究；
(3) 机器设备保养不良，使用寿命及机器精度直接影响生产效率，同时，产品质量无法提升；
(4) 故障多，减少开机时间及增加修理成本。
所以，进行合理正确的设备维护保养，既可以减少设备故障发生，提高效率；还可以降低设备检修的费用，提高企业紧急效益。

4.1.1.2 设备维护保养的目的

(1) 延长设备使用寿命。应本着抓好"防"重于"治"这个环节，便能使设备少出故障，减少停机维修的时间，大大提高机器设备的使用寿命；

（2）间接节约公司使用成本。直接关系到设备能否长期保持良好的工作精度和性能，关系到加工产品的质量，关系到工厂的生产效率和经济效益的提高；

（3）避免生产事故的作用。设备的管理和维护质量的好坏，关系到液压设备的故障率和作业率、工作性能和安全性能，即容易因局部零件的损坏而造成重大生产事故。

4.1.1.3　设备维护保养的主要要求

设备的使用和维护保养在于日常控制和管理。好的设备若得不到及时维修保养，就会常出故障，缩短其使用年限。对设备进行维修保养是保证设备运行安全、最大限度地发挥设备的有效使用功能的唯一手段。因此，对设备设施要进行有效的维修与保养，做到以预防为主，坚持日常保养与科学计划维修相结合，以提高设备的良好工况。设备维护保养的内容一般包括日常维护、定期维护、定期检查和精度检查，设备润滑和冷却系统维护也是设备维护保养的一个重要内容。

设备维护保养的要求主要有四项：

（1）清洁。设备内外整洁，各滑动面、丝杠、齿条、齿轮箱、油孔等处无油污，各部位不漏油、不漏气，设备周围的切屑、杂物、脏物清扫干净。

（2）整齐。工具、附件、工件（产品）放置整齐，管道、线路有条理。

（3）润滑良好。按时加油或换油，不断油，无干摩现象，油压正常，油标明亮，油路畅通，油质符合要求，油枪、油杯、油毡清洁。

（4）安全。遵守安全操作规程，不超负荷使用设备，设备的安全防护装置齐全可靠，及时消除不安全因素。

4.1.2　设备的三级保养制度

三级保养制度是我国 20 世纪 60 年代中期开始，在总结苏联计划预修制在我国实践的基础上，逐步完善和发展起来的一种以保养为主、保修结合的保养修理制，它体现了我国设备维修管理的重心由修理向保养的转变，反映了我国设备维修管理的进步和以预防为主的维修管理方针的更加明确。

三级保养制内容包括设备的日常维护保养、一级保养和二级保养。

三级保养制是以操作者为主对设备进行以保为主、保修并重的强制性维修保养制度。做到定期保养，正确处理使用、保养和维修的关系，不允许只用不养，只修不养。

三级保养制是依靠群众、充分发挥群众的积极性，实行群管群修、专群结合，搞好设备维护保养的有效办法。

4.1.2.1　设备的日常维护保养

设备的日常维护保养一般有日保养和周保养，又称日例保和周例保，设备的日常保养由操作者当班负责进行。

A　日保养

班前班后由操作工人认真结合"设备日常管理表"进行检查，擦拭设备各部位或注油保养，设备经常保持润滑、清洁。班中认真观察、听诊设备运转情况，及时排除小故障，并认真做好交接班记录。认真做到班前四件事、班中五注意和班后四件事，并遵守"五项纪律"，对设备进行检查，及时排除隐藏的设备故障，防止设备故障扩大。

日保养周期：每班一次，用时 10~15min。

（1）班前四件事：

1）检查交接班、点检表记录。

2）擦拭设备，按规定润滑加油。

3）检查各电源及电气控制开关，各操纵机构、传动部位、挡块、限位开关等位置运转部位是否正确、灵活，安全装置是否可靠。

4）在启动和试运转时，要检查各部位工作情况，有无异常现象和声响。

检查结束后，要做好记录。

（2）班中五注意：

1）注意设备的运行声音。

2）注意设备的温度。

3）注意压力、液位、液压、气压、电气系统。

4）注意气压系统，仪表信号。

5）注意安全保险是否正常。

（3）班后四件事：

1）关闭开关，所有手柄放到零位。

2）清除铁屑、脏物，擦净设备导轨面和滑动面上的油污，并加油。

3）清扫工作场地，整理附件、工具。

4）填写交接班记录和运转台时记录，办理交接班手续。

（4）使用过程中遵守"五项纪律"：

1）严格按照操作规程使用设备，不要违章操作。

2）设备上不要放置工、量、夹、刃具和产品等。

3）应随时注意观察各部件运转情况和仪器仪表指示是否准确、灵敏，声响是否正常，如有异常，应立即停机检查，直到查明原因、排除为止。

4）设备运转时，操作工应集中精力，不要边操作边交谈，更不能开着机器离开岗位。

5）设备发生故障后，自己不能排除的应立即与维修工联系；在排除故障时，不要离开工作岗位，应与维修工一起工作，并提供故障的发生、发展情况，共同做好故障排除记录。

B　周保养

周保养执行人：设备的周保养由当班操作者负责进行。

周保养内容：

（1）外观。擦净设备导轨、各传动部位及外露部分，清扫工作场地。

（2）操纵传动。检查各部位的技术状况，紧固松动部位，调整配合间隙，检查互锁、保险装置。

（3）液压润滑。清洗油线、防尘毡、滤油器，油箱添加油或换油。检查液压系统，达到油质清洁、油路畅通、无渗漏、无损伤。

（4）电气系统。擦拭电动机，检查绝缘、接地，达到完整、清洁、可靠。

周保养周期：由操作者在每周末进行，一般设备 1h，精、大、稀设备 2h。

4.1.2.2　一级保养

一级保养简称一保或定期保养。这是一项有计划定期进行的维护保养工作。

（1）一级保养执行人。以操作工人为主，维护工人参加。

（2）一级保养内容。对设备进行局部解体和检查，清洗规定的部位，疏通油路，更换油线油毡，调整设备各部位，配合间隙，紧固设备各个部位等一系列的工作。

（3）一级保养周期。设备运转 600h（1~2 个月），要进行一次一级保养，所用时间为 1h 左右（具体时间视设备不同所需时间不同），一保完成后应详细填写记录并注明未清除的缺陷，由车间机械员验收，验收单交设备科存档。

（4）一保的主要目的。减少设备磨损、消除隐患、延长设备使用寿命，为完成到下次设备一级保养期间的生产任务在设备方面提供保障。

4.1.2.3　二级保养

二级保养简称二保。

（1）二级保养执行人：以维修工人为主，操作工人参加完成。

（2）二级保养内容：二级保养列入设备的检修计划，对设备进行部分解体检查和修理，更换或修复磨损件，局部恢复精度，清洗润滑系统，换油，检查修理气电系统，使设备的技术状况全面达到规定设备完好标准的要求。

（3）二级保养周期：设备运转 3000h（6~12 个月），要进行一次二级保养，所用时间为 7d 左右（具体时间视设备不同所需时间不同），二保完成后，维修工人应详细填写检修记录，由车间机械员和操作者验收，验收单交设备科存档。

（4）二保的主要目的：使设备达到完好标准，提高和巩固设备完好率，延长大修周期。

4.1.2.4　总结

实行三级保养制，必须使操作工人对设备做到"三好""四会""四项要求"。

三级保养制突出了维护保养在设备管理与计划检修工作中的地位，把对操作工"三好""四会"的要求更加具体化，提高了操作工维护设备的知识和技能。

在三级保养制的推行中还学习吸收了军队管理武器的一些做法，并强调了群管群修。三级保养制在我国企业取得了好的效果和经验，由于三级保养制的贯彻实施，有效地提高了企业设备的完好率，降低了设备事故率，延长了设备大修理周期，降低了设备大修理费用，取得了较好的技术经济效果。

（1）"三好"的内容：

1）管好。自觉遵守定人定机制度，管好工具、附件，不丢失损坏，放置整齐，安全防护装置齐全好用，线路、管道完整。

2）用好。设备不带病运转，不超负荷使用，不大机小用、精机粗用。遵守操作规程和维护保养规程。细心爱护设备，防止事故发生。

3）修好。按计划检修时间，停机修理，积极配合维修工，参加设备的二级保养工作和大、中修理后完工验收试运行工作。

（2）"四会"的内容：

1）会使用。熟悉设备结构，掌握设备的技术性能和操作方法，懂得加工工艺，正确使用设备。

2）会保养。正确加油、换油，保持油路畅通，油线、油毡、滤油器清洁，认真清扫，保持设备内外清洁，无油垢、无脏物、漆见本色、铁见光。按规定进行一级保养工作。

3）会检查。了解设备精度标准，会检查与加工工艺有关的精度检验项目，并能进行适当调整。会检查安全防护和保险装置。

4）会排除故障。能通过不正常的声音、温度和运转情况，发现设备的异常状况，并能判断异常状况的部位和原因，及时采取措施，发生事故，参加分析，明确事故原因，吸取教训，做出预防措施。

4.1.3　精、大、稀设备的使用维护要求

精密、大型和稀有等关键设备是企业生产极为重要的物质技术基础，是保证实现企业经营方针目标的重点设备。对这些设备的使用维护，除须达到上述各项要求外，还必须按其使用特点严格执行以下特殊要求。

（1）使用维护的特殊要求：

1）工作环境。要求恒温、恒湿、防腐、防尘、防静电等的高精度设备，必须采取相应的措施，确保精度性能不受影响。

2）严格按照设备说明书的要求建好基础，安装设备，每半年要检查、调整一次安装水平和设备精度，计算精度指数，详细记录备查。

3）在一般维护中不得随意拆卸部件，特别是光学部件，确有必要时应由专职检修人员进行。

4）严格按说明书规范操作，不许超负荷、超性能使用，精密设备只能用于精加工。设备运行中如有异常应立即停机通知检修，不许带病运转。

5）润滑油料、擦拭材料及清洗剂必须按说明书规定使用，不得随意代替。

6）设备不工作时要盖一个护罩，如长期停用，要定期擦拭、润滑及空运转。

7）附件及专用工具要专柜妥善保管，保持清洁，防止丢失和锈蚀。

（2）维护管理的"四定"：

1）定使用人员。要选择本工种中责任心强、技术水平高和实践经验丰富者担任操作，并保持长期稳定。

2）定检修人员。在有条件的情况下，应设置专业维修组，专责这类设备的检查、维护、调整和修理。

3）定操作维护规程。根据各机型设备结构特点逐台编制，严格执行。

4）定维修方式和备品配件。按设备对生产影响程度分别确定维修方式，优先安排预防维修计划，并保证维修备品配备及时供应。

（3）精密设备使用维护要求：

1）必须严格按说明书规定安装设备；

2）对环境有特殊要求的设备（恒温、恒湿、防震、防尘）企业应采取相应措施，确保设备精度性能；

3）设备在日常维护保养中，不许拆卸零部件，发现异常立即停车，不允许带病运转；

4）严格执行设备说明书规定的切削规范，只允许按直接用途进行零件精加工，加工余量应尽可能小，加工铸件时，毛坯面应预先喷砂或涂漆；

5）非工作时间应加护罩，长时间停歇，应定期进行擦拭、润滑、空运转；

6）附件和专用工具应有专用柜架搁置，保持清洁，防止碰伤，不得外借。

4.1.4　动力设备的使用维护要求

动力设备是企业的关键设备，在运行中有高温、高压、易燃、有毒等危险因素，是保证安全生产的要害部位，为做到安全连续稳定供应生产上所需要的动能，对动力设备的使用维护应有特殊要求：

（1）运行操作人员必须事先培训并经过考试合格；

（2）必须有完整的技术资料、安全运行技术规程和运行记录；

（3）运行人员在值班期间应随时进行巡回检查，不得随意离开工作岗位；

（4）在运行过程中遇有不正常情况时，值班人员应根据操作规程紧急处理，并及时报告上级；

（5）保证各种指示仪表和安全装置灵敏准确，定期校验，备用设备完整可靠；

（6）动力设备不得带病运转，任何一处发生故障必须及时消除；

（7）定期进行预防性试验和季节性检查；

（8）经常对值班人员进行安全教育，严格执行安全保卫制度。

4.1.5　设备的区域维护

（1）设备的区域维护又称维修工包机制。维修工人承担一定生产区域内的设备维修工作，与生产操作工人共同做好日常维护、巡回检查、定期维护、计划修理及故障排除等工作。区域维修责任制是加强设备维修、为生产服务、调动维修工人积极性和使生产工人主动关心设备保养和维修工作的一种好形式。

（2）设备专业维护主要组织形式是区域维护组。区域维护组全面负责生产区域的设备维护保养和应急修理工作，它的工作任务是：

1）负责本区域内设备的维护修理工作。

2）认真执行设备定期点检和区域巡回检查制，指导和督促操作工人做好日常维护和定期维护工作。

3）参加设备状况普查、精度检查、调整、治漏，开展故障分析和状态监测等工作。

4）区域维护组的优点是：在完成应急修理时有高度机动性，从而可使设备修理停歇时间最短，而且值班钳工在无人召请时，可以完成各项预防作业和参与计划修理。

5）区域维护组要编制定期检查和精度检查计划，并规定出每班对设备进行常规检查的时间。

4.1.6　提高设备维护水平的措施

为提高设备维护水平应使维护工作基本做到三化，即规范化、工艺化、制度化。

（1）规范化就是使维护内容统一，哪些部位该清洗、哪些零件该调整、哪些装置该检查，要根据公司情况按客观规律加以统一考虑和规定。

（2）工艺化就是根据不同设备制订各项维护工艺规程，按规程进行维护。

（3）制度化就是根据不同设备不同工作条件，规定不同维护周期和维护时间，并严格执行。

（4）对定期维护工作，要保证工作时间、保证消耗物资。

（5）设备维护工作应发动群众开展专群结合的设备维护工作，进行自检、互检，开展设备大检查。

4.1.7 知识检测

4.1.7.1 选择题

（1）公司的设备，在不使用期间应（　　）。
A. 应关闭水电气等　　　　　B. 可不关闭水电气等　　　　　C. 两天内可不关闭

（2）发生设备事故后应（　　）保持现场，及时逐级上报。
A. 切断电源　　　　　B. 可不切断电源

（3）设备（　　）由操作者当班负责进行。
A. 日保养　　　B. 周保养　　　C. 一级保养　　　D. 二级保养

（4）怎样才能提高设备的效能（　　）。
A. 设备操作正确　B. 维修及时　　C. 现场管理有序　D. 维护保养得当

（5）谁是设备的第一责任人（　　）。
A. 操作工　　　B. 机修工　　　C. 班长　　　D. 工程师

（6）在设备方面操作工需要做什么（　　）。
A. 清洁维护　　B. 设备润滑　　C. 日常保养　　D. 发现问题及时报告

4.1.7.2 判断题

（1）操作者必须熟悉设备的一般性能和结构，禁止超性能使用。　　（　　）

（2）班前检查油箱油位，所有仪器、仪表是否符合规定。　　（　　）

（3）设备保养清理是维修工的事情，不需要我们每天清理保养。　　（　　）

（4）我们每天做日保养，周保养就不用做了。　　（　　）

（5）设备运转时，操作工应集中精力，不要边操作边交谈，更不能开着机器离开岗位。　　（　　）

（6）设备润滑油的添加由维修工完成。　　（　　）

4.1.7.3 简答题

（1）什么叫设备的日常维护与保养，有什么要求？

（2）日常保养的班中五注意分别是什么？

（3）精、大、稀设备维护管理的"四定"工作是什么？

（4）如何提高设备的维护水平？

任务 4.2　陶瓷生产设备的润滑和点检

项目教学目标

知识目标：
(1) 了解润滑的作用、要求和意义；
(2) 了解点检的含义和作用；
(3) 了解部分常用设备的点检方法。

技能目标：
(1) 掌握常用的润滑方式和润滑装置；
(2) 掌握"五感"点检的方法。

素质目标：
具有动手能力、学习能力、分析故障和解决问题的能力。

知识目标

4.2.1　陶瓷生产设备的润滑

4.2.1.1　设备润滑的重要意义

设备润滑（图 4-2-1）是设备工作的重要内容之一。设备润滑是防止和延缓零件磨损和其他形式失效的重要手段之一。加强设备的润滑管理工作，并把它建立在科学管理的基础上，对保证陶瓷生产企业的均衡生产、保持设备完好并充分发挥设备效能、减少设备事故和故障、提高企业经济效益和社会经济效益都有着极其重要的意义。

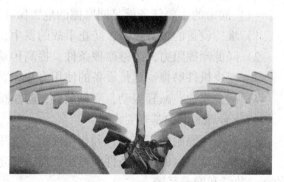

图 4-2-1　设备的润滑

搞好设备的润滑工作是陶瓷生产企业设备管理中不可忽视的环节。润滑在机械传动中和设备保养中均起着重要作用，润滑能影响到设备性能、精度和寿命。对企业的在用设备，按技术规范的要求，正确选用各类润滑材料，并按规定的润滑时间、部位、数量进行润滑，以降低摩擦、减少磨损，从而保证设备的正常运行、延长设备寿命、降低能耗、防治污染，达到提高经济效益的目的。

自从人类不断扩大自己能力的手段，将工具发展成机器以来，人们就认识运动和摩擦、磨损、润滑的密切关系。但是长期以来，研究工作和实践多数是围绕着表面现象进行。随着现代工业的发展，润滑问题显得更为重要了，现代设备向着高精度、高效率、超大型、超小型、高速、重载、节能、可靠性、维修性等方面发展，导致机械中摩擦部分的工况更加严酷，润滑变得极为重要，许多情况下甚至成为尖端技术的关键，如高温、低温、高速、真空、辐射及特殊介质条件下的润滑技术等。润滑再不仅仅是"加油的方法"的问题了。实践证明,盲目地使用润滑材料,光凭经验搞润滑是不行的,必须掌握摩擦、磨损、润滑的本质和规律,加强这方面的科学技术的开发,建立起技术队伍,实行严格科学的管理,才能收到实际效果。同时,还必须将设计、材料、加工、润滑剂、润滑方法等广泛内容综合起来进行研究。

设备润滑是指将具有润滑性能的物质施入机器中做相对运动的零件的接触表面上,以减少接触表面的摩擦、降低磨损的技术方式。施入机器零件摩擦表面上的润滑剂,能够牢牢地吸附在摩擦表面上,并形成一种润滑油膜。这种油膜与零件的摩擦表面结合得很强,因而两个摩擦表面能够被润滑剂有效地隔开,这样,零件间接触表面的摩擦就变为润滑剂本身的分子间的摩擦,从而起到降低摩擦、磨损的作用。由此可以看出,润滑与摩擦、磨损有着密切关系。人们把研究相互作用的表面做相对运动时所产生的摩擦、磨损和进行润滑这三个方面有机地结合起来,统称为摩擦学。由英国的乔斯特博士首先提出来,已成为近年来发展最快的新兴学科之一。

4.2.1.2　设备润滑的作用和要求

润滑的作用一般可归结为控制摩擦、减少磨损、降温冷却、可防止摩擦面锈蚀、冲洗作用、密封作用、减振作用(阻尼振动)等。润滑的这些作用是互相依存、互相影响的。如不能有效地减少摩擦和磨损,就会产生大量的摩擦热,迅速破坏摩擦表面和润滑介质本身,这就是摩擦副短时缺油会出现润滑故障的原因。

(1)润滑的主要任务就是同摩擦的危害做斗争。搞好设备润滑工作就能保证:

1)维持设备的正常运转,防止事故的发生,降低维修费用,节省资源;

2)降低摩擦阻力,改善摩擦条件,提高传动效率,节约能源;

3)减少机件磨损,延长设备的使用寿命;

4)减少腐蚀,减轻振动,降低温度,防止拉伤和咬合,提高设备的可靠性。

(2)合理润滑的基本要求是:

1)根据摩擦副的工作条件和作用性质,选用适当的润滑材料;

2)根据摩擦副的工作条件和作用性质,确定正确的润滑方式和润滑方法,设计合理的润滑装置和润滑系统;

3)严格保持润滑剂和润滑部位的清洁;

4)保证供给适量的润滑剂,防止缺油及漏油;

5)适时清洗换油,既保证润滑又要节省润滑材料。

4.2.1.3　润滑装置的要求

将润滑剂按规定要求送往各润滑点的方法称为润滑方式。为实现润滑剂按确定润滑方式供给而采用的各种零、部件及设备统称为润滑装置。

在选定润滑材料后,就需要用适当的方法和装置将润滑材料送到润滑部位,其输送、分配、检查、调节的方法及所采用的装置是设计和改善维修中保障设备可靠性和维修性的重要环节。其设计要求是:保护润滑的质量及可靠性,合适的耗油量及经济性,注意冷却作用,注意装置的标准化、通用化,合适的维护工作量等。

A 润滑方式

润滑方式是对设备润滑部位进行润滑时采用的方法。应该说，润滑的方式是多种多样的，并且到目前为止还没有统一的分类方法。例如，有些是以供给润滑剂的种类来分类的，有些是以采用的润滑装置来分类的，有些是按被润滑的零件来分类的，还有些是按供给的润滑剂是否连续分类的。如图4-2-2所示。

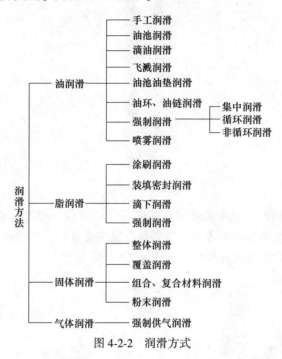

图 4-2-2 润滑方式

B 润滑装置

a 油润滑装置

（1）手工给油装置。由操作工使用油壶（图4-2-3）或油枪（图4-2-4）向润滑点的油孔、油嘴及油杯加油称为手工给油润滑，主要用于低速、轻载和间歇工作的滑动面、开式齿轮、链条以及其他单个摩擦副。加油量依靠工人感觉与经验加以控制。

图 4-2-3 油壶

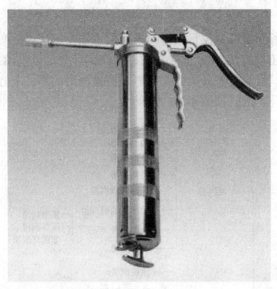

图 4-2-4　油枪

（2）滴油润滑。滴油润滑主要使用油杯向润滑点供油。常用的油杯有针阀式注油杯、压力作用滴油杯等。油杯多用铝或铝合金等轻金属制成骨架，杯壁的检查孔多用透明的塑料或玻璃制造，以便观察其内部油位。如图 4-2-5 所示。

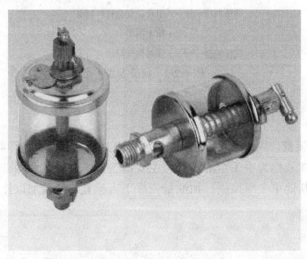

图 4-2-5　针阀式注油杯

（3）油绳和油垫润滑。油绳和油垫润滑方法是将油绳、毡垫等浸在润滑油中，利用虹吸管和毛细管作用吸油。使用油的黏度应低些。油绳和油垫等具有一定过滤作用，可保持油的清洁，如图 4-2-6 所示。

油垫润滑一般应用于加油有困难或不易接近的轴承，但润滑的表面速度不宜过高。油垫从专用的储油槽中吸进润滑油并供给与它相接触的轴颈。油垫主要采用粗毛毡制造，使用时应定期清洗并加以烘干，然后重新装配使用。

（4）油环或油链润滑。油环或油链润滑只能用于水平安装的轴，在轴上挂一油环，环的下部浸在油池内，利用轴转动时的摩擦力，把油环带着旋转，将润滑油带到轴颈上，再在

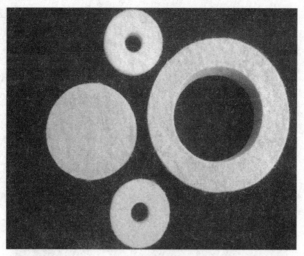

图 4-2-6 油垫

轴颈的表面流散到各润滑点。需要注意转轴应无冲击振动，转速不易过高。如图4-2-7所示。

图 4-2-7 油环

（5）油浴和飞溅润滑。油浴和飞溅润滑主要用于闭式齿轮箱、链条和内燃机等。一般利用高速（不高于 12.5m/s）旋转的机件从专门设计的油池中将油带到附近的润滑点。有时在轴上设置带油的轮子把油带到轴颈上。飞溅润滑所用油池应装设油标，油池的油位深度应保持最低具轮被淹没 2~3 个齿高。为了便于散热，最好在密闭的齿轮箱上设置通风孔以加强箱内外空气的对流。如图 4-2-8 所示。

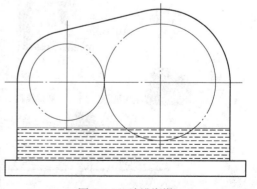

图 4-2-8 油浴润滑

（6）压力强制润滑。压力强制润滑是在设备内部设置小型润滑泵，通过传动机件或电动机带动，从油池中将润滑油供送到润滑点。供油是间歇的，它既可用作单独润滑，也可将几个泵组合在一起润滑。如图 4-2-9 所示。

图 4-2-9　压力强制润滑

强制润滑时，润滑油随设备的开、停而自动送、停。油的流量由柱塞行程来调整，由每秒几滴至几分钟 1 滴。油压范围为 0.1～4MPa。为保持润滑油的清洁，油池应有一定深度，以防止吸入油池中的沉淀物。

（7）喷油润滑。喷油润滑是指将润滑油与一定压力的压缩空气在喷射阀混合后喷射向润滑点的润滑方式。对齿轮的润滑要求在直接压力下把润滑油从轮齿的啮入方向送到啮合的齿隙中以进行润滑。对双向转动的齿轮，需在齿轮的两面均安装喷油孔管。在蜗轮传动中，喷油应从蜗杆的螺旋开始与蜗轮啮合的一面喷射。如图 4-2-10 所示为球磨机喷油润滑系统。

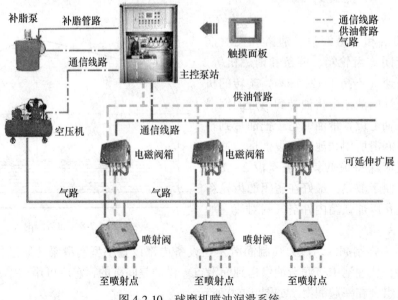

图 4-2-10　球磨机喷油润滑系统

油润滑方式的优点是油的流动性较好，冷却效果佳，易于过滤除去杂质，可用于所有速度范围的润滑，使用寿命较长，容易更换，油可以循环使用；其缺点是密封比较困难。

b　润滑脂润滑装置

（1）手工润滑装置。利用脂枪把脂从注油孔注入或者直接用手工填入润滑部位，属于压力润滑方法，用于高速运转而又不需要经常补充润滑脂的部位。如图 4-2-11 所示。

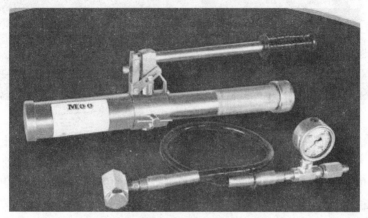

图 4-2-11　注脂枪

（2）滴下润滑装置。将脂装在脂杯里向润滑部位滴下润滑脂进行润滑。脂杯分为受热式和压力式。如图 4-2-12 所示。

（3）集中润滑装置。由脂泵将脂罐里的脂输送到各管道，再经分配阀将脂定时定量地分送到各润滑点去。用于润滑点很多的车间或工厂。如图 4-2-13 所示。

与润滑油相比，润滑脂的流动性、冷却效果都较差，杂质也不易除去，因此润滑脂多用于低、中速机械。

图 4-2-12　脂杯润滑装置

4.2.2　陶瓷生产设备的点检

陶瓷生产企业无论其规模大小，或是所生产的产品不同，但都不能回避的现实是陶瓷生产企业对于其设备的依赖。一个陶瓷生产企业其设备能否正常运转直接关系到企业的效益与未来的发展。而随着工业的高速发展与生产效率的提高，陶瓷生产企业设备也越来越朝着精密化、复杂化的方向发展，维修复杂、维修费用高是现代陶瓷生产企业设备的特点。而如何对陶瓷生产企业的有限财富——设备进行有效的管理，使其为企业创造最大化的效益，是摆在现代设备管理人员面前的新课题。

4.2.2.1　点检的定义

现代化的陶瓷生产设备日益向大型、连续、高速和高度自动化方向发展，一旦发生故障就会全面停机，影响整个生产计划，也会给陶瓷生产企业造成重大经济损失。针对这种情况，需要改变生产设备的维修模式，由传统的周期性计划维修模式和事后检修模式转向

图 4-2-13　油脂集中润滑装置

点检模式。点检模式能够帮助人们准确预测设备的使用寿命，避免周期性计划检修和事后维修的弊端，为设备的安全运行、降低设备事故、实现效益最大化奠定基础。因此，设备在生产中的地位和作用显得越来越重要，为了保持设备的完好，充分发挥设备的效能，所以有了设备点检制。

　　所谓的点检制，是按照一定的标准、一定的周期，对设备规定的部位进行检查，以便更早的发现设备故障隐患，及时加以修理调整，使设备保持其规定功能的设备管理方法。如图 4-2-14 所示，是工人正对设备进行点检。设备点检制不仅仅是一种检查方式，而且是一种制度和管理方法。它的实质就是以预防维修为基础，以点检为核心的 TPM 制（TPM 是 Total Productive Maintenance 的英文缩写，意为"全员生产性保全活动"或"全员效率维修活动"）。

图 4-2-14　现场设备点检

TPM 有如下的定义：
（1）以最高的设备综合效率为目标。
（2）确立以设备一生为目标的全系统的预防维修。
（3）设备的计划、使用、维修等所有部门都要参加。
（4）从企业的最高管理层到第一线职工全体参加。

（5）实行机动管理，即通过开展小组的自主活动来推进生产维修。

企业实行以点检制为核心的设备维修模式，使企业设备管理工作实现规范化、制度化、标准化，满足现代生产作业方式对工艺设备的要求，真正做到有效预防事故的发生，提高设备的管理水平，保证生产设备的可靠高效运行，提高企业综合经济效益。

4.2.2.2　点检的作用

对设备进行维护，首先就必须对设备进行检测。设备都有一个衰老的周期，在设备最开始投入使用的时候，由于操作不熟悉、运作润滑不当等原因，会导致设备故障率比较高，但逐渐设备的故障率会降低，到了中后期，设备由于零件的磨损，其故障率会逐渐增高，一直到报废。但如果能及时地更换零件，加强润滑保养，对设备操作得当，将会大大降低设备的故障率。

点检就是检测的重要手段之一。通过对设备关键点的测试，实时把握设备的状态，一旦出现问题，找出原因，及时的维护，让设备永远处在健康的状态。点检和一般的设备大检有所不同，一般的设备大检查，不能每天进行，而点检，是根据设备的特点，进行的一种实时监测，这种点检，初始的时候会困难重重，但后期工作维护比较简单。

有人说设备点检和传统的设备检查没有什么不同，其实，这种想法是错误的。传统的设备检查是事后检查、巡回检查、计划检查等形式对设备进行检查，就是在设备发生突发性故障后，为了提出合理的修复方案而对设备进行的检查。点检是设备预防维修的基础，是现代设备管理运行阶段的管理核心，也是现代设备管理意识的延伸和实施。通过点检人员对设备进行的点检作业，采取早期防范设备劣化的措施，使设备的故障苗子消灭在萌芽状态之中。从而准确掌握设备状态，实行有效的预防计划维修和改善设备的工作性能，减少故障停机时间，延长机件使用寿命，提高设备工作效率，降低维修费用。

4.2.2.3　"五感"点检

（1）什么是"五感"点检。

"五感"指人的目、耳、鼻、手、口的感觉，"五感点检"主要是在设备运转前后或运转中，由操作、点检、运行三方共同凭借五感及听音棒、检查锤、温度计等一些简单辅助器具，根据设定的周期和部位，依靠目视、耳听、鼻嗅、手触、口尝检查与掌握设备的压力、温度、流量、泄漏、给脂状况、异音、振动、龟裂（折损）、磨损、松弛等要素的一种方法。

（2）"五感"点检的基本条件：

1）了解设备。对点检对象设备熟悉，了解生产工艺和区别设备的正常与异常，具有能以直感观察设备异常的基本素质。

2）熟悉设备。对设备图纸、说明书能查找、能看懂，对内部异常感觉能借助于图纸及说明书查清原因，辅助判断。

3）正确判断。根据设备的性能、使用说明书及设计资料，能正确判断设备的负荷状态。

4）掌握各种标准。掌握点检标准、给油脂标准等，根据感觉对照标准，能较准确地判断异常征兆。

5）区别重点设备。掌握重点设备的评价表，了解重点设备及其重点部位，以使"五感"点检的重点更加明确。

6）运转标准值明确。温度、压力、流量、压损、速度等工艺过程的各种运行标准要明确、具体。

7）丰富的实践经验。有判断和处理异常的实践经验，能敏锐地查出设备的异常所在。

（3）人的"五感"机能和"五感点检"的方法。感觉到了的东西不一定能够理解，只有理解了的东西才能更深刻地感觉到。采用"五感"进行点检，是在充分调动人体"五感"机能的基础上，与已有知识和经验相结合的活动。关键是选择设备合适的部位，多体验、多积累知识和经验，才能比较出与设备正常运行中的状态和特征的细微变化。

1）目视。视感的作用是首位的。通过观察，看准问题点，使脑神经系统进入思考，把已有的知识和经验与看到的现象做比较，再进行活动，并把问题记录下来，采取行动进行必要的处置。

通过仔细观察，我们能发现哪些故障或潜在故障隐患呢？

外——细微裂纹、油渍、粉尘、腐蚀、磨损（摩擦副）、变形、变色，烧焦、脏污、缺损、断裂、间隙变化；

内——变形、磨损，零件缺损、腐蚀；

液体——量少，颜色的变化，是否变浊、乳化、脏污等；

参数——压力、流量、电压、真空度等。

2）耳听。听觉的作用不亚于视觉，人对声波的刺激是相当敏感的。听到声响后，通过与已有的知识和经验进行比较，以找出异常点。在实践中不断提高听觉的灵敏性、识别水平，强化与其他"四感"的联系，充分发挥其功能。

必要时使用木柄螺丝刀尖头部靠紧旋转设备的轴承座部位，用耳贴紧螺丝刀柄部，同时用手旋转转轴，通过声音可以判断轴承的运行状态，如图 4-2-15 所示。正常状况下声音均一连续并较小；滚珠异常时会发出咔嗒声；咕咕摩擦音可能是旋转体破裂。

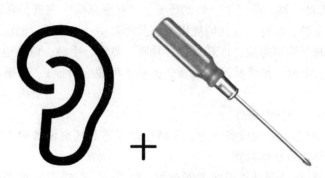

图 4-2-15　使用木柄螺丝刀耳听

3）手摸。触感与视感、听觉是密切联系的。有时触感是第一作用，其他"四感"相配合来判断和认识事物。在一般情况下，先是有视感、所感的作用后，再结合触感去鉴别事物。

触觉检查主要检查项目：

　　①振动/跳动。常伸手，经常触摸了解正常运行状态下的振动幅度，异常时容易发现。

　　②温升。所有摩擦副、传动装置、电气/电器元件的异常往往伴随着温度的变化。

　　4）鼻嗅。嗅觉在"五感"点检法中起着重要的配合作用，有时是先闻到气味才发现问题，即嗅觉启动了其他感官。因此，在日常点检中要充分利用嗅觉来识别异常。

　　焦煳味——绝缘物或电器零件发热变质；

　　油焦味——摩擦副（轴承）等过热，油脂发热引起的异味。

　　异味代表着以下几种可能：

　　①气体泄漏。

　　②摩擦副发热，如图 4-2-16 所示。

图 4-2-16　摩擦副发热

　　③电机过热导线或绝缘漆绝缘体异味，如图 4-2-17 所示。

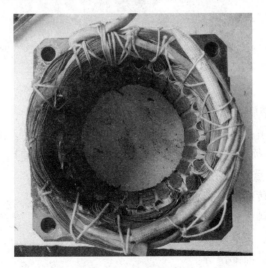

图 4-2-17　电机过热

　　④皮带打滑，如图 4-2-18 所示。

图 4-2-18　皮带打滑

⑤轴承过热，润滑油烧煳的异味，如图 4-2-19 所示。

图 4-2-19　轴承过热

⑥电器元器件烧毁，如图 4-2-20 所示。

5）口尝。采用"五感"点检时，通常不大使用口尝的方法，即使在特殊场合急需鉴别酸性或碱性时，也必须在确保对身体无影响的前提下，谨慎使用。

（4）"五感点检"重点关注的十大部位：

1）滑动部位、回转部位、传动部位；

2）与原材料相接触、相互作用的部位；

3）重要支撑部位、交变载荷部位、受力较大的部位；

4）易腐蚀部位、供油部位等。

（5）点检方法示例。

1）螺栓松动的点检方法。陶瓷生产设备上装有大量的螺栓，所以螺栓松动的点检尤为重要，如图 4-2-21 所示。

图 4-2-20　电器元器件烧毁

图 4-2-21　陶瓷生产设备上的螺栓

①目视法。在安装、检修完成后，主要的螺栓用油漆或记号笔在螺栓和螺母（螺钉头与机座）间划一道线，以后根据记号观察两者位置的变化，可以判别松动的情况。

②敲击法。使用质量和螺母大致相当的点检手锤，握着柄端敲打螺母的横面或螺栓的头部。如果是拧紧的状态，发出清脆的"当当"声音，手也受到振动。如果是松动的情况，发出浑浊的声音，手感受不到振动。

设备发生低频振动时，首先不忘紧固螺栓；检测设备振动时，当加速度没有发生变化而速度值增加，如果不能马上停止设备时，应首先检查和紧固螺栓，再做进一步的观察和诊断。

2) 电机手触温度点检方法。

①各种温度下，手触电机壳体的感觉：

· 30℃——稍冷，机壳比体温低、故感觉稍冷。

· 40℃——稍温，感到温和。

· 45℃——温和，用手一摸，就感到温和。

· 50℃——稍热，长时间用手摸时，手掌变红。

· 55℃——热，仅能用手摸 5~6s。

· 65℃——非常热，仅用手摸 2~3s，离开后还能感到手热。

· 70℃——非常热，用一个手指触摸，只能坚持 3s 左右。

· 75℃——极热，用一个手指触摸，只能坚持 1~2s 左右。

· 80℃——极热，以为电机烧毁，手指稍触热便想离开，用乙烯树脂带试，会卷缩。

· 80~90℃——极热，以为电机烧毁，用手指触摸一下，就感到烫得不得了。

②电机各部位的温度限度：

· 与绕组级接触的铁心温升（度计法）应不超过接触的绕组绝缘的温升限度（电阻法），即 A 级为 60℃，E 级为 75℃，B 级为 80℃，F 级为 100℃，H 级为 125℃。对于封闭式电动机，温度计可插入机座的吊环螺孔与铁心接触。

· 滚动轴承温度应不超过 95℃，滑动轴承的温度应不超过 80℃。因温度太高会使油质发生变化和破坏油膜。温度计应插进滚珠轴承外圈或滑动轴承下轴瓦。如测轴承盖温度，其值应比外圈低 15%~25%。

3) 变压器视觉点检实例。日常采用"五感"的方法，认真检查，通过发现和判断异常的现象，能够及时避免变压器故障发生。

通常，变压器目视点检的部位有变压器温度、油色、油面、呼吸器、变色硅胶是否正常，防爆管的隔膜是否完整（没有龟裂、破损现象）；缝隙有无渗漏油现象；接地是否良好（无松动、断股或断裂）；各个电气连接点有无端子或铜排变色、过热和烧损现象，螺栓有无锈蚀、松动；冷却系统（散热器、风扇、油泵、水及油循环系统等）的旋转方向是否正常；变压器上有无异物；室外变压器基础有无沉降等。这些内容均应纳入点检标准中。

4.2.2.4　电气、仪表"日常点检"的技巧

温度、湿度、灰尘、振动是影响电气、仪表性能发挥的主要因素，故用"五感"也能做一个大致的判断。

（1）灰尘堆积处、沾污部位以及外观损伤处往往是故障多发点。仪表盘处于非工作状态下，对这些部位进行"五感"法检查。

（2）大量使用接插件及接线端子的仪表系统，同样存在接触状态是否可靠的隐患，日常点检时，也要列入重点检查范围，其技巧有：

1) 用手拉、推、摇，一般能检查紧固接插件的弹簧是否脱落，螺丝是否松动，接线端子螺丝是否紧、松等。

2) 用耳听，一般可检查接线端子是否有轻微的放电声音，插座或继电器是否有不正常的跳动声。

3）用眼观察可发现接线的脱落、紧固继电弹簧脱落等。

4）以手触摸发热体停留时间长短，判断大致的物体温度。另一种比较粗糙的估计温度的高低，是利用人的面部感觉，来判别仪表箱体内温度的高与低，以及高于 100℃ 的物体，如电烙铁、大功率线绕电阻等。应注意：只能靠近，不能接触。

5）仪表盘通常不应产生振动，当存在振动时，一般是由周围物体的振源传递而来，因此要首先检查振源、仪表与机架的安装情况。调节伐润滑不良，全行程中存在卡壳时，也会发生振动。否则与产生振源的方面联系，消除异常的振动发生。

6）采用电气、仪表"五感"进行点检时，常常配以简单的工具，如螺丝刀、万用表、测电笔、扳手等。

4.2.3　知识检测

4.2.3.1　选择题

（1）一般运转体处于环境温度较高的场合，应选用（　　）油。

A. 低黏度　　　　B. 汽　　　　C. 高黏度　　　　D. 机

（2）循环方式由于润滑油量充分，便于循环流动，故采用黏度（　　）的油。

A. 好　　　　　B. 坏　　　　　C. 较高　　　　　D. 较低

（3）润滑油的氧化，促使其油性变质，色调变成褐色，黏度（　　），最后发生刺激性恶臭。

A. 变低　　　　B. 增加　　　　C. 变好　　　　D. 变坏

（4）水的影响：润滑油中如果含水，一般（　　）自行分离，但这要看各种润滑油抗乳化度的能力。

A. 能　　　　　B. 不能　　　　C. 能快速　　　　D. 能缓慢

（5）设备劣化本身也是一个较长的使用过程，在劣化期内设备照常（　　）运行。

A. 高速　　　　B. 低速　　　　C. 可以　　　　D. 不可以

（6）滚动摩擦与滑动摩擦在润滑条件、运动形式、载荷等相似的情况下其磨损量是（　　）的。

A. 相同　　　　B. 不相同　　　C. 等量　　　　D. 不变

（7）推行点检定修制的必要条件是（　　）。

A. 必须正确使用、维护设备

B. 必须高效率实施检修任务

C. 必须按点检要求提供备品备件

D. 必须建立一支有丰富经验、水平较高的技术队伍

（8）在实行点检定修制后，我们的设备管理目标应集中在（　　）。

A. 减少设备故障，确保生产线安全顺行

B. 降低维修费用，主作业线实行定修，辅助作业线采用事后维修

C. 减少维修人员，保证队伍精干

D. 降低维修成本，主作业线采用抢修，辅助作业线采用预防维修

（9）关于集中一贯制的"五制配套"制度，下列哪些描述是错误的（　　）。

　A. 点检定修为中心　　　　B. 计划值为目标
　C. 作业长为基础　　　　　D. 标准化作业为准绳

（10）点检定修制的特点概括地说是一个核心、两项结合、三位一体。其中两项结合是指（　　　）。
　A. 技术与经济相结合　　　B. 技术与安全相结合
　C. 质量与经济相结合　　　D. 质量与安全相结合

（11）实行点检定修制的条件之一，是建立设备维修标准体系，其内容包括（　　　）。
　A. 设备技术标准　　　　　B. 点检标准
　C. 给油脂标准　　　　　　D. 维修作业标准

4.2.3.2　判断题

（1）液压油黏度指数越高，温度对油品黏度变化的影响越大。　　　　　（　　）
（2）油品温度过高降低了系统的散热能力，增加了系统的热负荷。　　　（　　）
（3）运动黏度是指相同温度下液体流动的动力黏度与其密度之比。　　　（　　）
（4）液压油可以代替不同黏度的机械油。　　　　　　　　　　　　　　（　　）
（5）运动副的速度高，应使用较高黏度的油品，速度低，应使用黏度较低的油品。
　　　　　　　　　　　　　　　　　　　　　　　　　　　　　　　　（　　）
（6）点检定修制是"五制配套"基层管理模式中的目标。　　　　　　　（　　）
（7）点检定修制的实质是以预防维修为基础，以点检为核心的全员维修制。（　　）
（8）定修计划用于指导定修模型的制定，是设备维修管理的最佳形式。　（　　）
（9）在点检定修制下，设备的检修分为大修、中修、小修的维修模式。　（　　）

4.2.3.3　简答题

（1）选择润滑方式及装置时应考虑的因素？
（2）变更润滑油、脂应注意哪些事项？

任务 4.3　陶瓷生产主要设备常见故障及维修、保养方法

项目教学目标

知识目标：
（1）了解窑炉风机常见故障及维修、保养方法；
（2）了解釉线振动的成因及处理方法。

技能目标：
（1）掌握窑炉传动系统常见故障及维修、保养方法；
（2）掌握釉线轴承的维护保养。

素质目标：
具有学习能力、分析故障和解决问题的能力。

4.3.1　窑炉关键设备常见故障及维修、保养方法

用于瓷砖等陶瓷建材生产的窑炉称为辊道窑，又称辊底窑，如图 4-3-1 所示。辊道窑

是连续烧成的，以转动的辊子作为坯体运载工具的隧道窑。陶瓷产品放置在许多条间隔很密的水平耐火辊上，靠辊子的转动使陶瓷从窑头传送到窑尾，故而称为辊道窑。辊道窑的燃烧室在辊子的下方，用压缩空气雾化重油、柴油、煤油等燃料进行燃烧。辊道窑一般截面较小，窑内温度均匀，适合快速烧成，但辊子材质和安装技术要求较高。也有用煤气发生炉所产煤气进行燃烧的，比较大型的陶瓷厂大都采用双段冷煤气站，使用冷净煤气进行燃烧，产生高温。

图 4-3-1　辊底窑

4.3.1.1　窑炉风机

风机作为窑炉设备必不可少的一部分，它担负着窑炉的供风、排烟、抽热、冷却等工作，如图 4-3-2 所示。因此，风机的好坏直接关系着生产的稳定，影响着产品的质量，又

图 4-3-2　窑炉风机

因其使用温度较高，这给风机的维修、保养工作带来了许多不便。加之其较重、较大，所以有人一提起风机的维修、保养就有一种异样的感觉，那么怎样才能轻轻松松地搞好风机的维修、保养呢？

（1）风机的日常维护保养。这是搞好风机管理的关键。万事应以防为主，只有维护、保养好窑炉风机，才能少出故障，同时避免因故障而造成的频繁维修，如图4-3-3所示。每天应巡查风机的运行情况，如风机润滑情况、风机有无振动异响等；联轴器是否移位，联轴器之间的间隙是否合适（一般为3~4cm），梅花胶垫是否损坏；电机是否过热超温，散热性能怎样，有无异响；并根据其响声和温度进一步判断其是否缺油；冷却水情况如何，有无漏油、漏水现象等。发现问题应及时处理，否则小事变大，问题恶化，极有可能发生设备事故。

图4-3-3 风机的日常维护保养

（2）搞好定期换油、不定期加油等工作。应保证油质良好，润滑充分，减少机械磨损，提高风机使用寿命，确保风机连续稳定运行，如图4-3-4所示。油质好坏可以从油镜中观察出来，因高温作用和机械磨损，油质浑浊或呈现褐红色，说明油质太差，应予以更换，一般用68号普通液压油。电机轴承位带有干磨声，说明轴承无油，应及时补充油量。因窑炉风机一般温度较高，因此建议使用二硫化钼润滑脂。

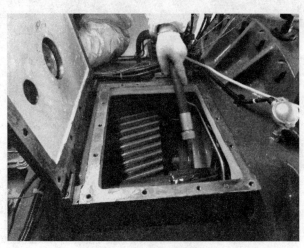

图4-3-4 风机的定期换油

（3）定期清理风叶上的烟尘。一般风叶上各处质量要求不大于 10g，可见风叶上的烟尘如果分布不匀，就会造成风机风叶各处质量差超标，从而产生振动。因此定期清理风叶上的烟尘是非常必要的。

（4）风机轴承必须有足够的冷却水供应。

（5）风机振动的原因与处理：

1）风叶烟尘分布不匀，造成风叶质量分布偏差，从而产生振动，处理办法是及时清理风叶各处烟尘。

2）轴承因磨损，内外圈及滚珠或滚柱间间隙大引起主轴跳动而产生振动。熟练的员工可以从主轴的跳动或风机的异响中得到及时判断。还可能因为轴承花圈或滚珠、滚柱损坏而发生振动，这时风机的"咔咔"异响声特别明显，这时只有更换轴承。

3）梅花胶垫损坏、联轴器铁碰铁从而产生异响和振动，这时应停机更换梅花胶垫。

4）对于一些不至于损坏设备或使设备本身的性能降低的轻微振动，可以通过调整风机基座下防振胶的松紧来解决风机的振动问题。这块胶用螺栓使得风座与风机平台相连，如果螺栓太松，风机振动挤压防振胶，防振胶对其有一个反冲力，这本身也就存在一个共振频率问题，易产生共振，从而加大风机本身的振动，如果防振胶螺丝收得太紧，也就起不到减振作用，反而把振动传到风机平台从而使平台产生振动。因此，防振胶固定螺栓必须松紧适宜。

5）风机主轴或风叶变形产生振动，这种振动带有恶性循环的性质，应及时处理。主轴变形必须更换，如风叶变形或有质量分布差，可通过静平衡试验检测和校正。办法是松开电机，使电机从联轴器处与风机轴承座分开，然后转动风叶让其自动停止下来。在静止时记下其最低点位置，重新转动风叶。如果每次风叶停下来最低点位置总是不变，说明此方向质量较大，可在其对面（侧）加块黄泥再试，照此方法直到风机每一次停止时其最低位置是随机的，而不是固定的。这时铲下这块黄泥，称其重量，然后在相同位置，补焊一块同重量的铁块，调试成功。

（6）风机漏油的成因与处理：

1）如果风机一端轴承总是漏油，这时可首先逐个拧下填料（羊毛毡）压盖的 3 个螺丝，然后，包一点生料带装上，注意 3 个螺丝松紧一致。如果解决不了问题，应用一条胶管（透明）灌水来检测基座的水平度。一般来说这种漏油现象的原因应是基座不水平。这时最简单的办法是小心地用千斤顶抬高低端（即漏油端）的高度。如果是两端不规则漏油，则可能是加油太多，或羊毛毡烧坏。有时从油镜中看，油还未到油镜中心，但并不能说明不多油。因为在工厂加工油镜孔时，可能因加工误差，孔开得上了点，没必要一定要加油到油镜中心以上，在油到达某一点而不漏油作为加油基准，并作记号。此外，还有一种利用低油位供油的方法，就是在主轴上焊一小铁片，利用看这块小铁片将油送入轴承中润滑。

2）如果是羊毛毡老化漏油，必须更换。如果不想停机处理，可以从另一台备用的风机中拆下一条已经垫好的羊毛毡，然后小心地装好正在运行的风机中，以达到不停机换油封的目的。但这样存在危险性，一般不建议采用。

3）如果油是从冷却水管处漏出，原因是轴承座中油冷却盘管与轴承座接触处胶垫破了。如果要换胶垫，则必须停机。打开轴承座上盖，劳动强度很大，维修时间长，可以巧妙松开盘管在轴承座外面的锁母，然后在盘管上缠点生料带，再锁紧锁母即可解决此处漏油问题。

（7）备用风机温热空气的处理。备用风机在不开时，由于另一台正运行风机出风（热风）返流备用风机中，与备用风机中的冷空气相遇，形成湿热空气，这种湿空气带有砖坯飞扬的粉尘，极易在风机中结成水垢沉积在窑炉风机外壳及风叶上，引起风机各处质量不平衡，而产生风机振动现象。另外这种带腐蚀性的气体容易产生风机锈蚀现象。解决的办法是略开一点进气风闸，利用风机进口负压作用原理，使进入备用风机的湿热烟气返回运行风机中，以加强湿热烟气的流通，从而避免上述现象的发生。

当然，风机的维修、保养还有许多方法和技巧，如风机风叶拆卸，方法正确，十几分钟可以拆装风机，且不费力，一人就能解决；方法不正确，一两个小时不一定能拆装好同一台风机风叶，而且劳动强度极大。因此要求在工作中善于动脑筋，具体问题具体分析，力争少力、快速地维修、保养好窑炉风机等设备。

4.3.1.2　窑炉传动系统

窑炉传动系统包括传动齿轮、传动电机、传动链条、被动轴承、辊棒等。

A　辊棒

辊棒是窑炉的基本组成部分，如图 4-3-5 所示。其质量的好坏直接影响辊道窑的运行精度，从而影响到产品质量，因此辊棒必须具备良好的性能要求：

图 4-3-5　辊棒

（1）辊棒的性能要求：1）强度好。2）具有良好的刚度。3）耐磨性能好。4）耐热性好（抗氧化、抗热变形及抗蠕变的能力）。5）尺寸公差符合要求。6）吸水性能好，以便能在其表面预涂一层涂层，既可提高辊棒的使用寿命，又较易清除黏附的釉层。

（2）瓷棒的维护、保养

1）瓷棒在入窑前两端预塞保温棉，否则瓷棒受热后，冷湿空气进入辊棒中，产生水蒸气。这部分水蒸气又在两端冒出，与空气中的尘埃作用，产生带有腐蚀性的物质，既使得辊棒两端变质老化，又会使辊棒棒头锈蚀损坏。塞好保温棉，也可防止被动轴承受热变形损坏。

2）瓷棒在存放中应置于干燥处，切勿与水接触。

3）在辊棒工作面涂浆保护层，可以采用扫浆、淋浆、浸浆三种方法。其中以淋浆法较易操作，效果较好。上浆长度一般以比窑内有效宽度长 10cm 为限，上浆厚度最好是 1mm，不要超过 1.5mm，也不要低于 0.8mm。

4）在被动边装上弹簧套，以保护棒头不受磨损和加强摩擦力。

5）瓷棒入高温区前都必须预热，防止瓷棒急热破损，高温区换下的瓷棒切忌直接放于地面，可置于旋转的支架摩擦托轮上，或人工放在断辊棒头上不停转动，使其在转动中均匀冷却（也可斜靠于窑边特制支架上让其自然冷却）。若瓷棒有变形则应在瓷棒冷却到 700~600℃，内温 900~800℃时把变形下弯的辊棒全部向上扭转，使其变形下弯部分向相反方向收缩下弯复原，如此来回操作翻动，直至辊棒降到外温 400~300℃。

B　链传动系统

现代窑炉，已由原来的减速器、皮带等传动改进为链条、链轮传动，拉光轴之间由原来的双排链连接改进为直连链接，这种改动减少了设备故障率，方便维修、保养的进行。现就窑炉传动较易出现的几种故障及处理维护保养作如下说明。

a　传动闪动的解决

传动的闪动，主要是由于传动受力不均所致，主要为大角钢直角度不够，即不成 90°或传动轴承座支架（6 号槽钢）上平面与大角钢上平面不平行，使得斜齿轮运行中齿合受力不均，导致传动受力时大时小，引起闪动现象发生。解决方法是在轴承支架与大角钢接触上加一些垫片，以调节上述两个平面互相平行。传动发生闪动的原因也可能是辊棒刮到窑炉支架或孔砖而引起，应细心的检查排除故障。

b　链轮、链条磨损后的处理

链轮、链条在运行中，链条、滚子、销子、套筒等磨损加大，链节被拉长。如果链条磨损较大，链节距增大较大，而链轮、链齿间距离未变，这样极易产生跳链现象，必须给予更换。如果磨损较轻，可以通过调节两链轮之间的距离的方法来解决。现代设计的窑炉，其传动电机座上一般设有 4 条可调螺丝，用来调节传动链轮之间的中心距离，调节时应注意两对角螺丝同时调节，同时眼看链轮、链齿在链条中的位置是否适中，两链轮是否在同一垂直面上，否则极易发生跳链，甚至断链或拉坏传动的现象。调节时还应注意链轮与链条的齿合情况是否良好。

c　链轮、链条的日常维护与保养

链轮、链条在运行中还应经常检查链锁、链扣等有无异常，链条有无刮痕等摩擦现象，以防因磨损而发生断链现象。链条、链轮应时刻保持有油，可用 40 号柴机油或废机油进行润滑，任何时候都不应该有缺油现象，否则链条、链轮会很快因干磨而损坏。链传动运行中，每天还应检查电机油位、电机电流是否正常，电机是否发热，电机有无漏油等情况。窑炉电机一般采用摆线针电机，其密封为机械密封，因此，电机漏油时应检查油位是否偏高，若油位正常，估计为机械密封损坏，应予以更换机械密封。链盒漏油：若油从链轮沿主轴流出，可在链轮轮上缠一点生料带以挡住油向外流。若油从传动轴上链轮上滴落飞溅出来，则可在电机链轮处链盒加装一块锌铁板，以挡住飞溅的油滴。若油滴在传动轴链轮处沿油槽底面流落，则可将链盒盖板折成"O"形，使得油回流至链盒中。传动处油沿棒头从生铁座轴承孔向辊棒侧流出，则可在棒头上加装挡油环，同时，在齿轮与 6004 轴承中间的定位套同上述挡油环处缠生料带，则可解决上述漏油现象。油槽两端在过拉光轴的地方，有时因加工误差，开口较低，油易从油槽端面溢出，这时可用石棉、锌板加 502 胶水加以解决。油槽若因穿孔而漏油，不便烧焊时，也可采取放干油后，利用石棉加 502 胶水堵漏解决，效果较好。总之，传动漏油情况很多，但只要找到了原因，勤于思考，对症下药，这些问题是很容易解决的。

d　传动棒换棒应注意的事项

（1）换棒时，棉被新棒挤出，换棒后，必须重新塞棉，这时应在传动的情况下进行，否则会因为塞棉太紧，传动负荷加大造成电机跳闸。

（2）窑炉棒间间隙较小，若相邻两条棒同时装入弹簧片易被顶起，这时传动运行，两弹簧片极易被干扰损坏，因此，应避免上述的装棒方法。

（3）产品运行中跑偏的解决。产品跑偏主要是由于辊道安装不水平、辊子之间互相不平行、辊子表面粘釉等原因使制品在辊道上沿窑宽方向各点线速度不同造成的。解决方法是严格校正辊子尺寸，保证辊面水平度和辊子中心线平行度，调换粘釉的辊子；刮、铲、砂掉辊棒表面釉堆。窑炉头尾两端还可利用缠布条、套 O 形密封圈等办法加以解决。

（4）传动棒座轴承高温区宜用 3 号锂基脂，低温处采用 3 号钙基脂。对于有斜度的传动，斜齿轮可采用 3 号钙基脂润滑。

4.3.1.3　压力表接头漏油的处理

油压表接头漏油多是采取的密封方式不合理，许多只是采用螺纹处缠生料带或麻丝的办法解决，其效果很不理想，正确的方法是在接头处与压力表丝头端处加一耐油橡胶，这样既美观又不漏油。

4.3.1.4　过滤器螺丝滑牙的解决

由于油过滤器需经常拆洗，部分保养或维修工在拧内六角螺丝时用力过大而造成滑牙，这时可采取由錾子慢慢地錾动，使六角螺丝沿松的方向松动的方法。熟练的可采用在其上用一较理想的螺母通过烧焊接种至滑牙螺丝上丝后拧动螺母，进而拧松滑牙螺丝的办法解决。这种方法简便快速，但是较危险，只有在有足够的消防措施及技术水平、思想准备的情况下方可进行，其他情况不得随意使用。

4.3.2　釉线常用设备的常见故障及维修、保养方法

对陶瓷坯体进行自动化施釉的生产线叫做施釉线，如图 4-3-6 所示。一般分为 3 个部分：输入部分、施釉部分和输出部分。

输入部分是指对陶瓷坯体进行清理（如除尘、去土、扫灰等）传送的部分。

施釉部分是指对坯体进行自动化施釉（施釉部分主要是施釉机）。

输出部分是指坯体施釉后再传送出来（这部分包括有擦掉坯体多余的釉的抹釉装置）。

图 4-3-6　釉线

4.3.2.1　釉线振动的成因与处理

振动是指物体离开基点有规律的上下跳动的现象，任何物体都有一个由其本身特性决定的振动频率，这个频率称为该物体的固有频率。当在外力作用下物体的振动频率与物体的固有频率一致时，其振动最大，这时的振动叫共振。在实际工作中，经常要用到振动或共振的现象来解决一些生产问题。如原料的振动筛，用以分离粗、细粉料。但更多的时候要想办法解决振动或共振现象。以避免减少其对生产的破坏作用，如釉线的振动。

釉线的振动对砖坯的生产是极为有害的。它能使釉线行砖不直、不平衡，严重时使砖坯产生裂纹。那么釉线振动的成因是什么？怎样才能避免或解决釉线的振动呢？根据经验，主要有如下几个方面：

（1）新投产釉线在刚使用时，皮带托槽两边的挡板有毛刺或边缘锋利，皮带在运动中会时不时受到刀一样的挡板的切削牵引，因而产生较大的阻力，这种阻力使釉线受力增大而产生振动，解决方法是将挡板的两边外板，形成一个光滑的导向区，这样可以避免挡板锋利的刀锋牵刮皮带，从而保护皮带不受损害，同时减少皮带受力，避免振动的产生。

（2）皮带刚使用时，由于摩擦发热，这种热量使得皮带表面的那层黑胶熔化，而这层熔化后的黑脱胶具有极强的黏性（用手可以感觉到），皮带运行时会被粘在皮带托槽上，需要很大的力才能被拉开，这就使得托槽及支架受力增大，从而产生振动，工作中部分机修人员往皮带上撒粉料或涂抹黄油或淋点水，这样可暂时使得皮带的粘力减少，振动也就解决了。但这只是暂时的，很快那些泥粉或水等又失去作用，振动又产生了。根本性地解决这一问题是用砂纸或刀片去掉这层带有黏性的胶层。

（3）同一段釉线或交接处釉线皮带不在同一平面上，从而造成部分带不受力、部分带受力太大，引起振动，出现这种故障的处理方法是应设法使釉线各带受力均匀。工作中有时一段釉线皮带由几个支架支撑。拧紧所有支架螺丝，振动反而增大，而松掉部分支架螺丝，让皮带托槽自由伸开，振动反而减弱甚至没有振动就是这个原因。

（4）托槽支架本身薄不够力，这时可增加一些托槽支架或支立一个三角撑，以加强支架的承力情况。

（5）当由于釉线的结构特点而具有的固有振动频率与釉线皮带运转时的频率一致时，

产生了共振现象，解决方法是适当改变釉线的结构，调整釉线的运行速度（调快或调慢），从而改变釉线的固有频率或釉线运行的振动频率，解决釉线的振动。

（6）釉线皮带托槽或托槽支架螺丝松动，这样减弱了釉线支架的受力能力，使得部分带或支架受力过大而产生振动，因此查釉线振动成因时，首先应检查所有螺丝是否松动。

（7）如果通过上述的一些努力，仍没能解决釉线振动的问题，是因为胶块具有缓振作用，这时是否可以考虑在角铁支架与托槽支架中间垫一块胶块，以缓冲釉线的振动，有时能起到预想不到的效果。

当然，釉线振动的成因同窑炉变形、裂纹等缺陷的成因一样，也是千变万化的，只有在实际工作中具体问题具体分析，做到仔细观察、冷静思考、科学分析，以不变应万变的思路，解决生产中釉线的振动问题，所有问题都可迎刃而解。

4.3.2.2　釉线轴承的维护、保养

（1）釉线轴承（图 4-3-7）因为转速较慢，因此可采用 3 号钙基脂润滑，有时因为润滑脂干后，第二次润滑脂用黄油枪很难注入，这时可采用压力油壶注入少许机油则可。查证润滑脂、油是否注入的方法是看油脂是从轴承外圈与内圈中间的滚珠滑道中流出还是从外圈与轴承座之间流出得到判断。

（2）釉线轴承在运行中应勤检、勤听，看看是否有异常的响声或轴承内圈与主轴是否有相对运动。若有异响不严重而又怕影响生产，可在轴承中加入多点润滑油，以缓解轴承的损坏，若异响严重或必须更换则必须及时更换。轴承跑内圈时应检查轴承紧定螺丝是否松动。

（3）釉线轴承因空气中灰尘较大，因此应用轴承防尘罩防尘处理。

（4）釉线轴承在装配时应注意轴承的注油孔应装在轴承座注油槽同侧，并且轴承注油孔应靠近轴承座上注油孔位置，否则油无法注入。

图 4-3-7　釉线轴承

4.3.2.3　釉线釉柜的维护、保养

釉柜（图 4-3-8）处易与水接触的螺丝等部件应采用加涂黄油防水的方法处理，严重处可用胶皮包住防水，并时常用扳手拧动检查，黄油涂层应均匀少量，不宜太多。

图 4-3-8 釉线釉柜

4.3.3 知识检测

简答题

(1) 怎样才能轻轻松松地搞好风机的保养呢?

(2) 传动棒换棒应注意的事项有哪些?

(3) 釉线振动的主要成因是什么?

模块 5 陶瓷企业触摸屏控制技术

任务 5.1 触摸屏在原料传送带控制系统的使用

项目教学目标

知识目标：

（1）掌握触摸屏软件的安装；

（2）掌握触摸屏的选用及安装。

技能目标：

（1）能新建触摸屏工程项目；

（2）能在触摸屏上监控 PLC 数字量输入输出点的状态。

素质目标：

具有资料检索能力、学习能力、表达能力、团队合作能力、分析故障和解决问题的能力。

知识目标

5.1.1 任务描述

触摸屏是一种连接人和机器的人机界面，它取代了原始的控制台和显示器，常用于监控 PLC 的 I/O 状态、数据显示和参数设置，不但可以用动态曲线的形式观察系统的控制过程，还可以查看历史数据，触摸屏扩展了 PLC 的功能，减少了按钮、仪表、仪器的使用，简化了控制面板。通过完成本任务，要学会安装触摸屏软件、新建触摸屏工程项目、做一个简单的项目实现触摸屏上监控 PLC 数字量输入输出点的状态。

5.1.2 任务分析

要用触摸屏监控该系统的 PLC，如图 5-1-1 所示是触摸屏上的监控画面。

知识链接：

5.1.2.1 选择 MCGS 触摸屏软件

MCGS 的软件分为 3 个版本，分别是嵌入版、通用版和网络版。3 个版本的区别是：嵌入版是做好工程后，用在 MCGS 配套触摸屏上的；通用版是做好工程后，直接在 PC 上运行，需要电子

图 5-1-1 触摸屏监控画面

狗（或称加密狗等）的才能长时间运行；网络版也是做好工程后，直接在 PC 上运行，也是需要电子狗，相对于通用版控件少了一些，但是优化了网络发布，将网络发布简单化了。因为用触摸屏监控 PLC，所以使用嵌入版，目前最新是 7.7 版本，软件可以从官网上免费下载。

5.1.2.2　安装 MCGS 触摸屏软件

（1）在 MCGS 官网上下载嵌入版的最新 7.7 版本，解压后双击安装文件，便显示窗口如图 5-1-2 所示。

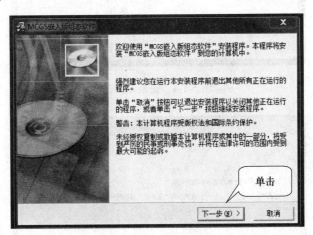

图 5-1-2　安装界面 1

（2）单击"下一步"后，显示窗口如图 5-1-3 所示。

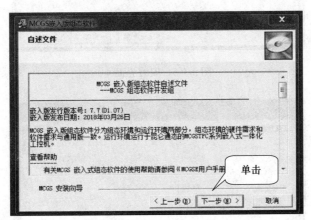

图 5-1-3　安装界面 2

（3）单击"下一步"后，显示窗口如图 5-1-4 所示。

（4）单击"浏览"选择安装位置后，单击"下一步"后，显示窗口如图 5-1-5 所示。

（5）单击"下一步"后，显示安装进度窗口，如图 5-1-6 所示。

（6）完成上一步后，显示窗口如图 5-1-7 所示。

（7）单击"下一步"，安装监控对象的驱动，显示窗口如图 5-1-8 所示。

（8）确定勾选"所有驱动"，单击"下一步"后，显示窗口如图 5-1-9 所示。

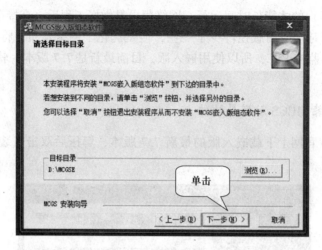

图 5-1-4　安装界面 3

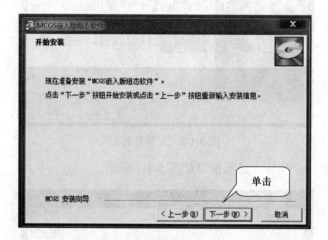

图 5-1-5　安装界面 4

图 5-1-6　安装界面 5

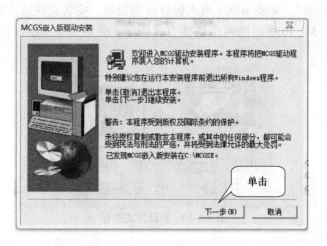

图 5-1-7　安装界面 6

图 5-1-8　安装界面 7

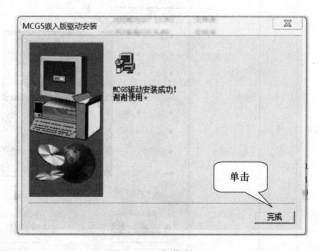

图 5-1-9　安装界面 8

（9）单击"完成"，完成 MCGS 嵌入版软件的安装，安装完成后，Windows 操作系统桌面上添加了如图 5-1-10 所示的两个快捷方式图标，分别用于 MCGS 嵌入版组态环境和模拟运行环境。

图 5-1-10　快捷方式图标

5.1.3　任务材料清单

任务材料清单见表 5-1-1。

表 5-1-1　器材清单

名称	型号	数量	备　　注
传送带模块	电机 0.75kW、星型接法	1	
变频器模块	E700 0.75kW	1	

名称	型号	数量	备　注
PLC 模块	FX3U	1	
系统模块		1	
主电路插接线		若干	

名称	型号	数量	备注
控制电路插接线		若干	
电脑	安装有编程软件，触摸屏软件	1	

5.1.4 相关知识

5.1.4.1 系统结构示意图

图 5-1-11 所示为一个典型电气控制系统，包括人机界面、中央控制器、控制对象和执行机构环节。

本任务是制作一个触摸屏，监控传送带的运行，监控画面如图 5-1-11 所示，控制功能如下：

（1）点击"启动"按钮，传送带启动运行，变频器输出频率为 40Hz，触摸屏上的"传送带状态指示灯"变绿色；

（2）点击"停止"按钮，传送带停止，变频器输出频率为 0Hz，触摸屏上的"传送带状态指示灯"变红色。

图 5-1-11 电气控制系统结构图

5.1.4.2 制作电气控制系统

A 设计电气系统图

在制作电气控制系统时，第一步通常是设计电气系统图，根据以上控制方案，设计的电气系统图如图 5-1-12 所示。

B 设置变频器参数

按表 5-1-2 设置变频器参数。

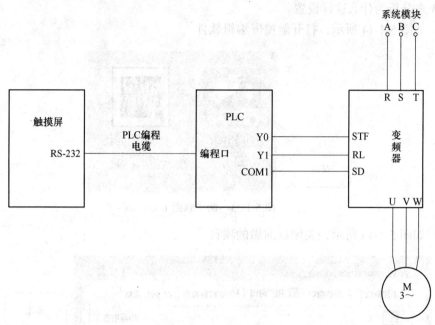

图 5-1-12 电气系统图

表 5-1-2 变频器参数

菜单	参数	备注	菜单	参数	备注
Pr. 6	40				
Pr. 79	3				

C 编写 PLC 程序

图 5-1-13 所示为编写程序并下载到 PLC 中。

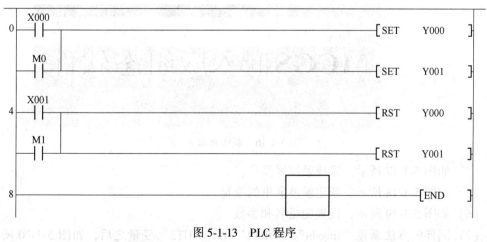

图 5-1-13 PLC 程序

D 制作触摸屏监控画面

制作触摸屏项目的监控画面，过程中涉及 PLC 输入输出口的步骤，结合图 5-1-12 和

图 5-1-13 来分析为什么这样设置。

（1）如图 5-1-14 所示，打开触摸屏编辑软件。

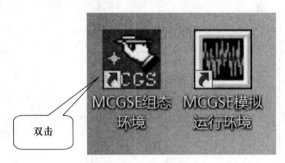

图 5-1-14 制作画面 1

（2）如图 5-1-15 所示，关闭以前做的项目。

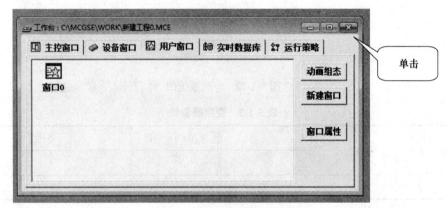

图 5-1-15 制作画面 2

（3）如图 5-1-16 所示，新建工程项目。

图 5-1-16 制作画面 3

（4）如图 5-1-17 所示，选择触摸屏型号。

（5）如图 5-1-18 所示，新建触摸屏里的变量。

（6）如图 5-1-19 所示，设置变量名和参数。

（7）同样的方法新建"tingzhi""OUT1"和"OUT2"变量之后，如图 5-1-20 所示，确认变量名和类型是否正确。

（8）如图 5-1-21 所示，打开设备窗口。

（9）如图 5-1-22 所示，建立三菱下位机。

图 5-1-17　制作画面 4

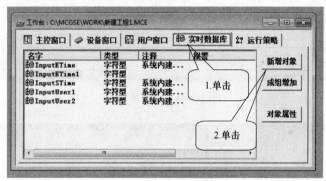

图 5-1-18　制作画面 5

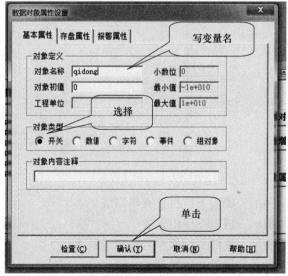

图 5-1-19　制作画面 6

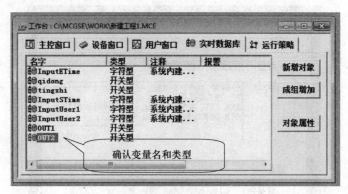

图 5-1-20　制作画面 7

图 5-1-21　制作画面 8

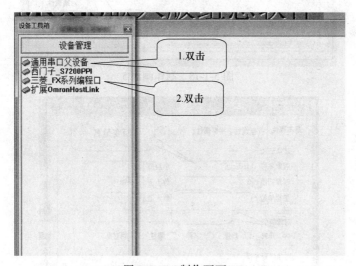

图 5-1-22　制作画面 9

（10）如图 5-1-23 所示，确定下位机挂在串口线下。

（11）如图 5-1-24 所示，进入下位机设置。

（12）如图 5-1-25 所示，选择下位机型号及新建通道。

（13）如图 5-1-26 所示，设置通道类型。

（14）如图 5-1-27 所示，确认通道地址是否正确。

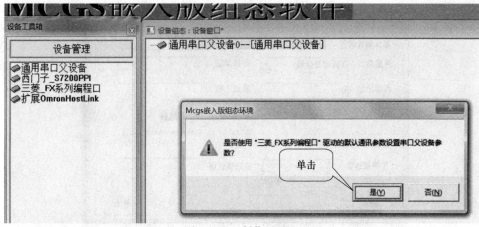

图 5-1-23　制作画面 10

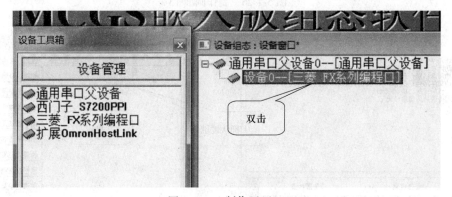

图 5-1-24　制作画面 11

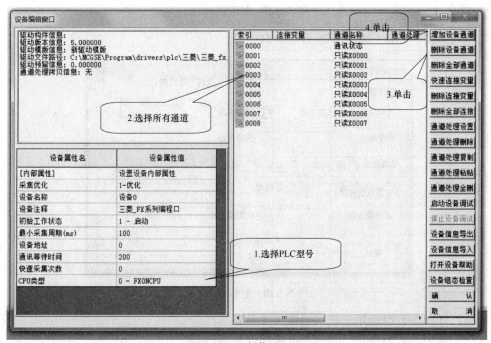

图 5-1-25　制作画面 12

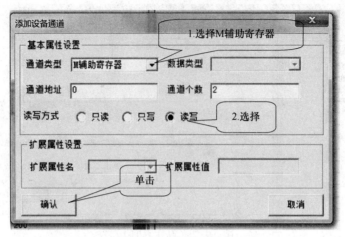

图 5-1-26　制作画面 13

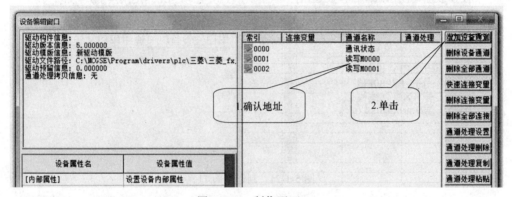

图 5-1-27　制作画面 14

（15）如图 5-1-28 所示，设置通道类型。

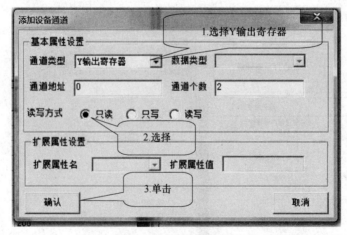

图 5-1-28　制作画面 15

（16）如图 5-1-29 所示，链接通道与变量名。

（17）如图 5-1-30 所示，选择要链接的变量名。

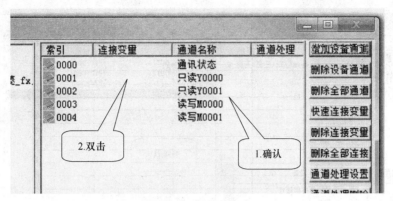

图 5-1-29　制作画面 16

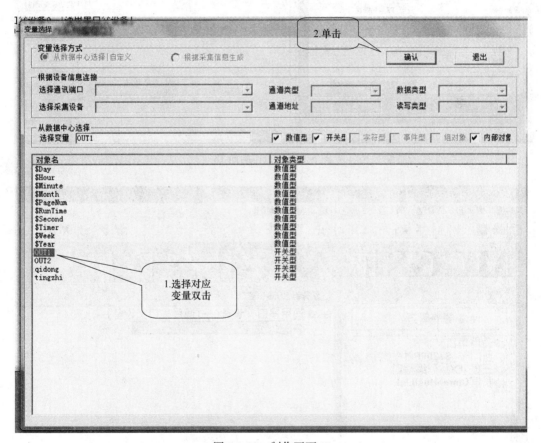

图 5-1-30　制作画面 17

（18）同样的方法链接的其他变量之后，如图 5-1-31 所示，确认是否正确。

（19）如图 5-1-32 所示，回到主页面。

（20）如图 5-1-33 所示，进入用户窗口。

（21）如图 5-1-34 所示，打开用户窗口。

（22）如图 5-1-35 所示，打开控件库。

（23）如图 5-1-36 所示，选择控件。

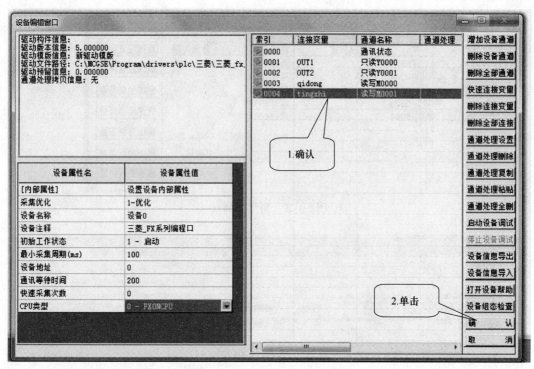

图 5-1-31　制作画面 18

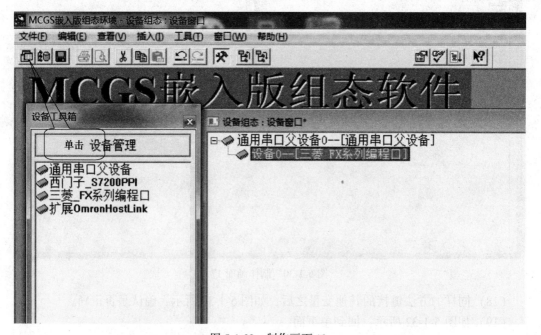

图 5-1-32　制作画面 19

（24）如图 5-1-37 所示，编辑控件。

（25）如图 5-1-38 所示，添加按钮。

（26）如图 5-1-39 所示，编辑按钮属性。

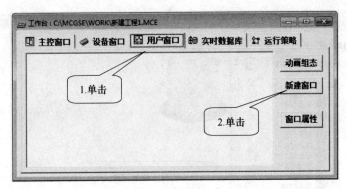

图 5-1-33　制作画面 20

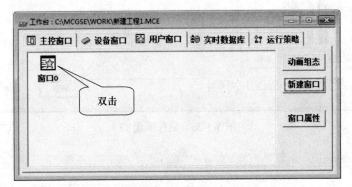

图 5-1-34　制作画面 21

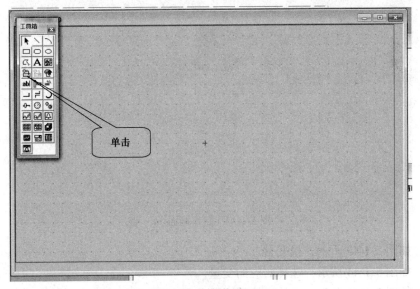

图 5-1-35　制作画面 22

（27）如图 5-1-40 所示，设置按钮功能名及其他属性。

（28）如图 5-1-41 所示，打开控制链接。

（29）如图 5-1-42 所示，找变量。

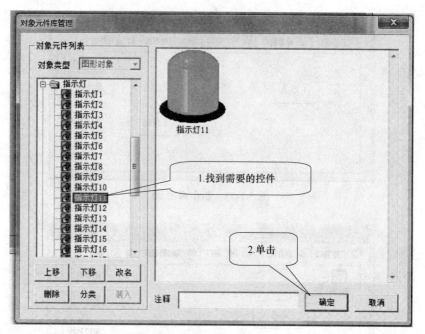

图 5-1-36   制作画面 23

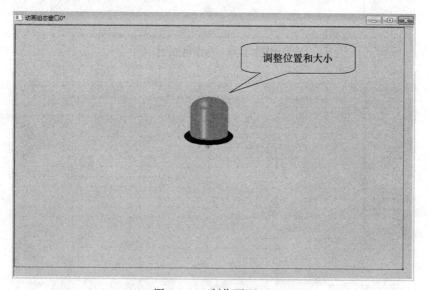

图 5-1-37   制作画面 24

（30）如图 5-1-43 所示，找变量。

（31）如图 5-1-44 所示，选择对应的变量。

（32）如图 5-1-45 所示，确认链接的变量名是否正确。

（33）如图 5-1-46 所示，设置按钮属性。

（34）如图 5-1-47 所示，设置按钮属性及链接变量名。

（35）如图 5-1-48 所示，检查是否正确。

（36）如图 5-1-49 所示，确认无误。

图 5-1-38   制作画面 25

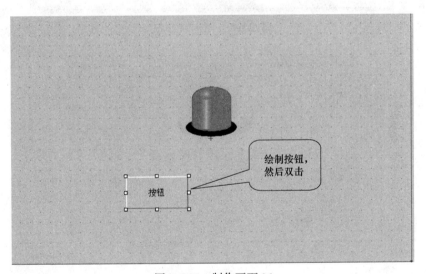

图 5-1-39   制作画面 26

（37）如图 5-1-50 所示，工程下载到触摸屏。

（38）如图 5-1-51 所示，选择下载方式。

（39）如图 5-1-52 所示，确认下载成功。

按图 5-1-12 连接线路，就可以在触摸屏上监控传送带的工作了。

5.1.4.3   调试系统

一般情况下，制作电气自动控制系统完毕后，调试系统有两个原则，原则一是先进行局部调试再整机调试；原则二是先调试控制电路再调试主电路。在该系统中，采取的调试

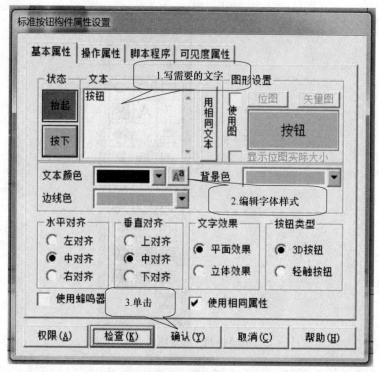

图 5-1-40　制作画面 27

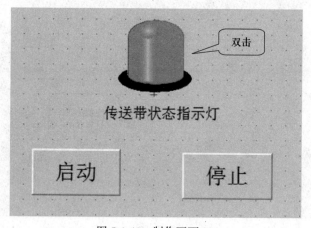

图 5-1-41　制作画面 28

步骤如下：

（1）如图 5-1-12 所示，断开 PLC 的输出连接线。

（2）点击触摸屏上的"启动"按钮，PLC 输出口 Y0 和 Y1 的指示灯亮；点击触摸屏上的"停止"按钮，PLC 输出口 Y0 和 Y1 的指示灯灭。两种状态都对，说明触摸屏和 PLC 方面的设置都正确。

（3）连接 PLC 和变频器之间的连接线，如图 5-1-12 所示。

（4）点击触摸屏上的"启动"按钮，变频器面板显示数字由 0 增加至 40；点击触摸屏上的"停止"按钮，变频器面板显示数字由 40 减小至 0。两种状态都对，说明变频器

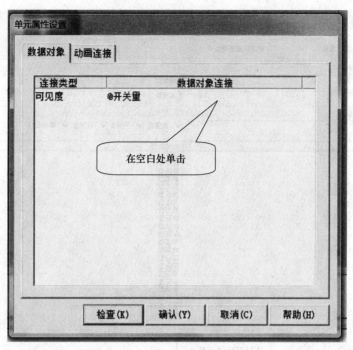

图 5-1-42　制作画面 29

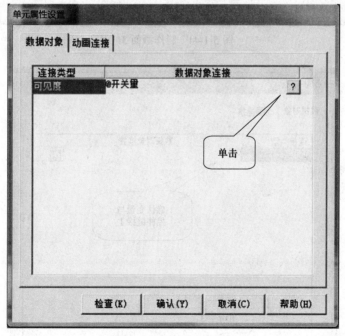

图 5-1-43　制作画面 30

方面的设置都正确。

　　（5）确定所有的控制电路及参数都正确后，方可接入负载调试。如图 5-1-12 所示连接完所有线路。点击触摸屏上的"启动"按钮，变频器面板显示数字由 0 增加至 40 的同

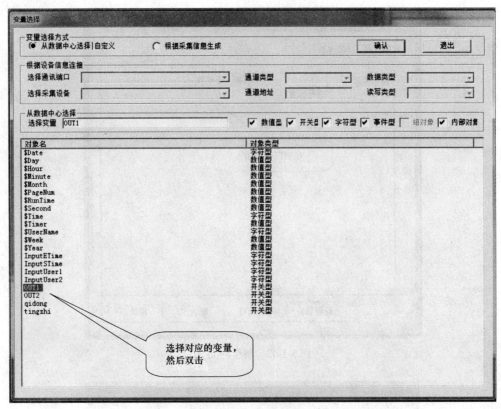

图 5-1-44　制作画面 31

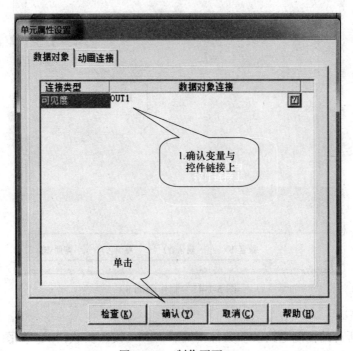

图 5-1-45　制作画面 32

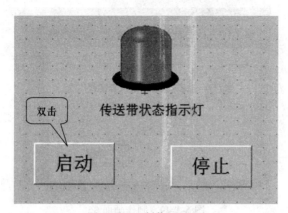

图 5-1-46 制作画面 33

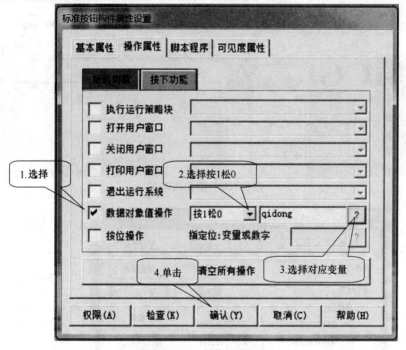

图 5-1-47 制作画面 34

图 5-1-48 制作画面 35

图 5-1-49　制作画面 36

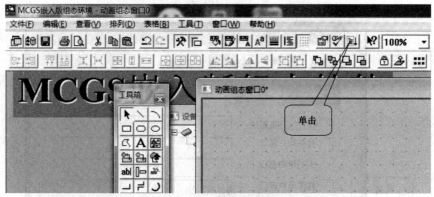

图 5-1-50　制作画面 37

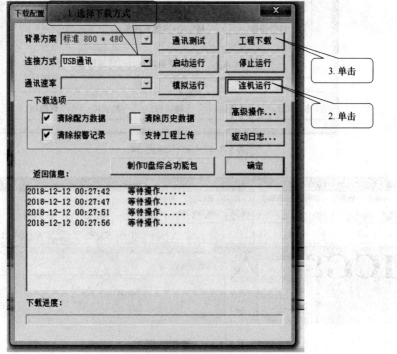

图 5-1-51　制作画面 38

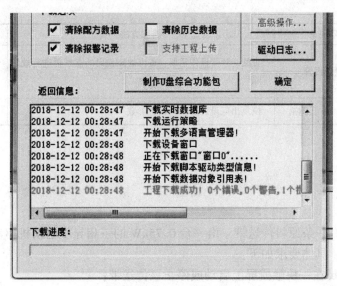

图 5-1-52　制作画面 39

时，传送带由静止跟随着提速；点击触摸屏上的"停止"按钮，变频器面板显示数字由40 减小至 0 的同时，传送带由运行跟随着降速至停止。两种状态都对，说明整个传送带控制系统制作正确。

5.1.4.4　故障分析

对于该系统，常遇到的故障现象及排除方法见表 5-1-3。

表 5-1-3　故障现象及排除方法

序号	故障现象	排除方法	备注
1	触摸屏画面无法下载到触摸屏	1. 检查触摸屏是否接通电源。 2. 检查下载线是否接好，常用的下载线是 USB 线。 3. 检查连接方式是否选择 USB 通信。 4. 检查是不是已经点击连机运行。 5. 检查 PLC 型号是否正确	
2	点击触摸屏按钮 PLC 输出口不响应	1. 检查 PLC 是否接通电源。 2. 检查触摸屏与 PLC 的通信线是否连接好。 3. 检查 PLC 的串口通信参数是否为默认值。 4. 检查触摸屏的串口通信参数是否为默认值，并且与 PLC 的串口通信参数一致。 5. 检查通道与变量连接是否正确。 6. 检查控件与变量连接是否正确。 7. 检查控件参数设置是否正确。 8. 检查 PLC 程序采用的输入输出口是否与电气系统图一致	
3	PLC 输出口亮，但变频器不响应	1. 检查 PLC 与变频器之间的连接线是否良好。 2. 检查变频器参数是否设置正确	

续表 5-1-3

序号	故障现象	排除方法	备注
4	变频器报警	查阅变频器操作手册,查出故障代码的意思再进行故障排除	
5	变频器经常会跑错	恢复出厂设置后重新设置参数	

技能目标

5.1.5　工艺要求

在某陶瓷厂有一条原料传送带,由一台 0.75kW 的三相异步电动机驱动,现要做一个自动化控制系统,具体要求如下:

(1) 操作人员在一块触摸屏上启动或停止该传送带;

(2) 触摸屏上有指示灯指示传送带的工作状态;

(3) 点击"启动"按钮传送带起动并运行在 30Hz;

(4) 点击"停止"按钮传送带自由停止。

完成以下工作:

(1) 设计电气系统图;

(2) 列元器件清单,并附上价格;

(3) 设置变频器参数;

(4) 编写 PLC 程序;

(5) 制作触摸屏画面;

(6) 调试系统能满足控制要求。

5.1.6　任务实施

5.1.6.1　制作原料传送带控制系统

接到任务后,小组内先讨论实施方案,然后根据每一位成员的能力进行分工,在整个过程中,小组内要有良好的讨论氛围,每位成员都有任务,具体的实施步骤如图 5-1-53 所示。

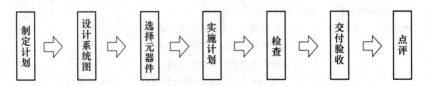

制定计划 ⇒ 设计系统图 ⇒ 选择元器件 ⇒ 实施计划 ⇒ 检查 ⇒ 交付验收 ⇒ 点评

图 5-1-53　实施步骤

制作控制系统过程评价表见表 5-1-4。

表 5-1-4　制作控制系统过程评价表

序号	工作过程	工作内容	评分标准	配分	学生自评		教师	
					扣分	得分	扣分	得分
1	资讯	相关知识查找	查找相关知识，初步了解	10				
			基本掌握相关知识					
			较好掌握相关知识					
2	决策	编写计划	制定硬件设计方案，修改一次扣2分	10				
			制定软件设计方案，修改两次扣5分					
3	实施	记录步骤	实施中步骤记录不完整达到10%，扣2分	10				
			实施中步骤记录不完整达到30%，扣3分					
			实施中步骤记录不完整达到50%，扣5分					
4	结果评价	元件检查	不能用仪表检查元件好坏，扣2分	5				
			仪表使用方法不正确，扣3分					
		参数设置、程序	触摸屏画面不协调美观，每个扣2分	10				
			触摸屏功能不齐全，每个扣2分					
			变频器参数错误，每个扣2分					
		布线	接线不紧固、接点松动，每处扣2分	25				
			不符合安装工艺规范，每处扣2分					
			不按图接线，每处扣2分					
		调试效果	1. 第一次调试不成功扣10分	20				
			2. 第二次调试不成功扣15分					
			3. 第三次调试不成功扣20分					
5	职业规范，团队合作	安全文明生产，交流合作，组织协调	1. 不遵守教学场所规章制度，扣2分	10				
			2. 出现重大事故或人为损坏设备扣10分					
			3. 出现短路故障扣5分					
			4. 实训后不清理、整洁现场扣3分					
		合　　计		100				

学生自评

　　　　　　　　　　　　　　　　　　　　　　　　　　　　　签字　　　　日期

教师评语

　　　　　　　　　　　　　　　　　　　　　　　　　　　　　签字　　　　日期

5.1.6.2　故障检修

（1）硬件故障及检修。

（2）软件故障及检修。

（3）考核评分。

检修控制系统评分表见表 5-1-5。

表 5-1-5　检修控制系统评分表

序号	主要内容	考核要求	评分标准	配分	扣分	得分
1	调查研究	对每个故障现象进行调查研究	排除故障前不进行调查研究，每处扣 10 分	35		
2	故障分析	在电气控制线路图上或软件上分析故障可能的原因，思路正确	1. 标错或标不出故障范围，每处扣 5 分。 2. 不能标出最小故障范围，每处扣 5 分	30		
3	故障排除	正确使用工具和仪表，找出故障点并排除故障	1. 实际排除故障中思路不清楚，每个扣 10 分。 2. 每少查出一次故障点扣 5 分。 3. 每少排除一次故障点扣 10 分。 4. 排除故障方法不正确，每处扣 10 分	35		
4	其他	操作有误，要从此项总分中扣分	1. 排除故障时，产生新的故障后不能自行修复，每个扣 10 分；已经修复，每个扣 5 分。 2. 出现重大事故或人为损坏设备扣 10 分。 3. 实训后不清理、整洁现场扣 3 分			
			合计			

学生签名：

　　　　　　　　　日期

教师签名：

　　　　　　　　　日期

5.1.7　知识检测

5.1.7.1　填空题

（1）触摸屏取代了原始的控制台和显示器，常用于监控 PLC 的（　　　　　）、（　　　　）和（　　　　），不但可以用动态曲线的形式观察系统的控制过程，还可以查看历史数据。

（2）使用触摸屏可以减少（　　　　）、（　　　　）、（　　　　）的使用，简化控制面板。

（3）MCGS 的软件分为 3 个版本，分别是（　　　　）、（　　　　）和（　　　　）。

（4）一个典型电气控制系统包括（　　　　）、（　　　　）、（　　　　）和（　　　　）这

几个环节。

（5）MCGS 软件里，数据对象属性设置框中的对象类型有 5 种，分别是（　　　　）类型、（　　　　）类型、（　　　　）类型、（　　　　）类型和（　　　　）类型。

（6）新建设备通道的时候，PLC 输出口通道的读写方式通常设置为（　　　　）方式。

（7）新建设备通道的时候，如果通道类型是 Y 输出寄存器，通道地址是 0，通道个数是 3，那么新建的通道分别是（　　　　）通道、（　　　　）通道、（　　　　）通道。

（8）MCGS 软件里，在设置按钮的时候选择按 1 松 0 方式，那么按住该按钮的时候，对应的变量为（　　　　）状态，放开该按钮的时候，对应的变量为（　　　　）状态。

5.1.7.2　问答题

（1）介绍在电气自动控制系统里使用触摸屏的好处。

（2）介绍调试电气自动化设备常用的步骤。

（3）介绍开关型对象与数值型对象的区别。

任务 5.2　触摸屏在打包机控制系统的使用

项目教学目标

知识目标：

（1）掌握触摸屏监控 PLC 数字量的技术；

（2）掌握触摸屏监控 PLC 数据的技术。

技能目标：

（1）制作美观的触摸屏监控画面；

（2）能够编写数据处理的 PLC 程序。

素质目标：

具有资料检索能力、学习能力、表达能力、团队合作能力、分析故障和解决问题的能力。

知识目标

5.2.1　任务描述

随着计算机技术的飞速发展，电气自动控制技术向着自动化、智能化及个性化的方向发展。一个 PLC 控制系统不只是简单的逻辑控制，还有数据处理功能。通过完成本任务要学会使用 PLC 的比较指令、数据运算指令等功能指令，同时掌握触摸屏监控数据的技术。

5.2.2　任务分析

瓷砖进入打包机的第一环节是叠片，把瓷砖叠够一定的数量才进入下一打包环节。叠片机及其工作过程如图 5-2-1、图 5-2-2 所示。

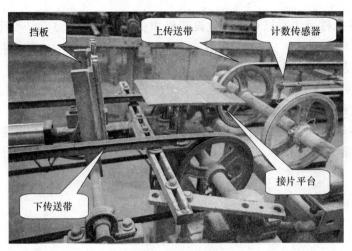

图 5-2-1　叠片机

图 5-2-2　叠片机工作过程

叠片机的工作顺序是：

（1）瓷砖由上传送带落到接片平台；

（2）每落入一片，记数传感器给控制器一个脉冲信号；

（3）叠够设置的数量后，接片平台下降低于下传送带，同时挡板动作；

（4）瓷砖将由下传送带传送至下一打包环节；

（5）1s 后接片平台自动上升，挡板自动立起，开始接下一包瓷砖。

知识链接：

采用实训设备模拟打包机的叠片环节，模拟示意图如图 5-2-3 所示。

触摸屏监控画面如图 5-2-4 所示。

控制要求如下：

（1）上电后，点击"＊＊"设置每一包瓷砖的数量，该数据只允许设置为 2～10 之间，且为整数；

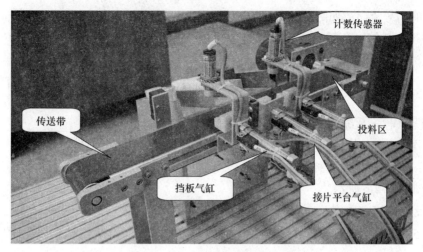

图 5-2-3 叠片机模拟示意

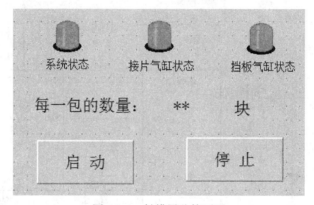

图 5-2-4 触摸屏监控画面

（2）点击"启动"按钮，传送带以 40Hz 启动，系统状态指示灯显示绿色；

（3）在投料区投放铝质物料；

（4）经过计数传感器的物料达到设置数量时，接片平台气缸和挡板气缸同时伸出，对应的指示灯变绿色；

（5）1s 后接片平台气缸和挡板气缸同时自动缩回，对应的指示灯变为红色，系统进入下一循环；

（6）点击"停止"按钮，所有的器件停止工作，3 个指示灯显示红色。

5.2.3 任务材料清单

任务材料清单见表 5-1-1。

5.2.4 相关知识

5.2.4.1 系统结构示意图

该控制系统除了有传感器给 PLC 信号之外，PLC 还输出信号控制气缸，结构示意图及各模块的信号流向，如图 5-2-5 所示。

本任务是制作一个触摸屏，监控打包机中的叠片机，监控画面如图 5-2-4 所示。

5.2.4.2　制作电气控制系统

A　设计电气系统图

在制作电气控制系统时，第一步通常是设计电气系统图，根据以上控制方案，设计出电气系统图如图 5-2-6 所示。

B　设置变频器参数

按表 5-2-2 设置变频器参数。

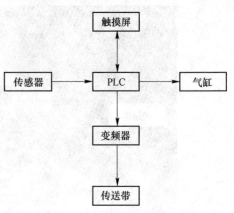

图 5-2-5　电气控制系统结构图

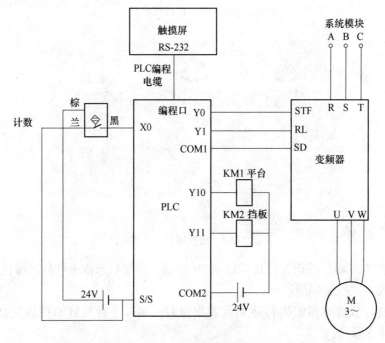

图 5-2-6　电气系统图

表 5-2-2　变频器参数

菜单	参数	备注	菜单	参数	备注
Pr. 6	40		Pr. 7	5	加速度时间
Pr. 79	3	变频器控制模式	Pr. 8	5	减速度时间

C　编写 PLC 程序

如图 5-2-7 所示编写程序并下载到 PLC 中。

D　制作触摸屏监控画面

触摸屏上的"＊＊"是设置及显示每一包瓷砖的数量，本任务的思路是建立一个数据类型的变量，并且设置它的属性，让它只能在 2~10 之间变化。具体步骤如下：

```
      M0
0 ──┤├──┬──────────────────────────────────[SET  Y000 ]
      │  │
      │  └───────────────────────────────────[SET  Y001 ]
      X000                                          D0
3 ──┤││──────────────────────────────────────(C0   )
      C0
8 ──┤├──┬──────────────────────────────────[SET  Y010 ]
      │  │
      │  └───────────────────────────────────[SET  Y011 ]
      Y010                                          K10
11──┤├────────────────────────────────────────(T0   )
      T0
15──┤├──┬──────────────────────────────────[RST  Y010 ]
      │  │
      │  ├───────────────────────────────────[RST  Y011 ]
      │  │
      │  └───────────────────────────────────[RST  C0   ]
      M1
20──┤├─────────────────────────────────[ZRST  Y000  Y011 ]

26─────────────────────────────────────────────[END  ]
```

图 5-2-7　PLC 程序

（1）如图 5-2-8 所示，新建数值型变量 data1，并设置最小值为 2，最大值为 10。

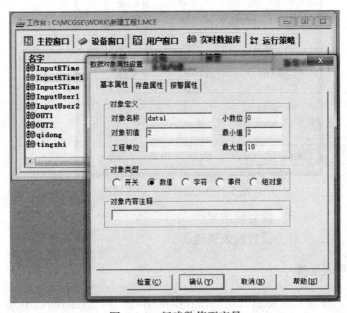

图 5-2-8　新建数值型变量

（2）如图 5-2-9 所示，增加一个数据通道，类型是 D 数据寄存器，读写方式是读写。

图 5-2-9　增加数据通道

（3）双击画面中的"＊＊"，弹出窗口如图 5-2-10 所示，选择显示输出和按钮输入。

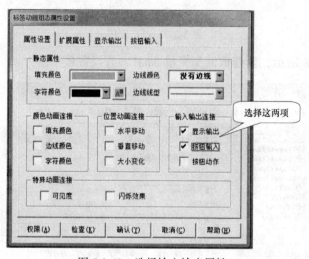

图 5-2-10　选择输入输出属性

（4）如图 5-2-11 所示，设置输出属性。

（5）如图 5-2-12 所示，设置输入属性。

5.2.4.3　调试系统

在本系统中，存在安全隐患的是三相异步电动机，其他线路问题不大，所以调试步骤

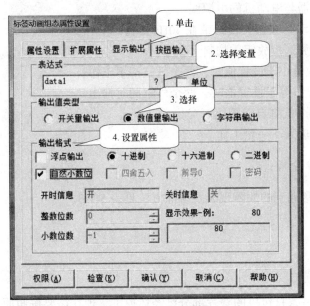

图 5-2-11　设置输出属性

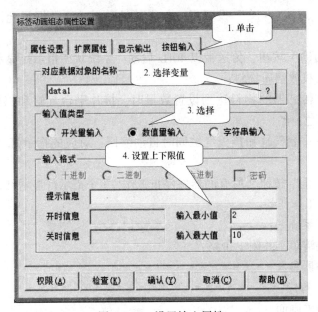

图 5-2-12　设置输入属性

如下：

（1）如图 5-2-6 所示，断开变频器的输出线路。

（2）点击触摸屏上的"启动"按钮，变频器面板显示输出频率由 0 增加至 40。

（3）设置每一包的数量。

1）设置数值在 2~10 之间时都成功；

2）设置数值小于 2 时，显示值始终是 2；

3）设置数值大于 10 时，显示值始终是 10。

（4）连接变频器与电动机的电源线。

（5）点击"启动"按钮，传送带在 40Hz 运行。

（6）在物料投放区投放铝质物料。

1）当投放的数量小于设置值时，两个气缸都不工作；

2）当投放的数量等于设置值时，两个气缸同时伸出。

（7）1s 后，两个气缸自动缩回。

（8）系统自动进入下一轮工作。

5.2.4.4 故障分析

对于该系统，常遇到的故障现象及排除方法见表 5-1-3。

技能目标

5.2.5 工艺要求

在某陶瓷厂有一条打包机的叠片部分已经坏掉了，现在需要按照原来的控制功能单独做一个控制系统，控制要求如下：

（1）上电后，点击" * * "设置每一包瓷砖的数量，该数据只允许设置为 2~10 之间，且为整数；

（2）点击"启动"按钮，传送带以 40Hz 启动，系统状态指示灯显示绿色；

（3）在投料区投放铝质物料；

（4）经过计数传感器的物料达到设置数量时，接片平台气缸和挡板气缸同时伸出，对应的指示灯变绿色；

（5）1s 后接片平台气缸和挡板气缸同时自动缩回，对应的指示灯变为红色，系统进入下一循环；

（6）点击"停止"按钮，所有的器件停止工作，3 个指示灯显示红色。

请你完成以下工作任务：

（1）设计电气系统图；

（2）列元器件清单，并附上价格；

（3）设置变频器参数；

（4）编写 PLC 程序；

（5）制作触摸屏画面；

（6）调试系统能满足控制要求。

5.2.6 任务实施（同 5.1.6 任务实施一样）

5.2.7 知识检测

5.2.7.1 填空题

（1）在打包机中的计数传感器应该采用（   ）类型的传感器。

（2）计数传感器是三线传感器，作为 PLC 输入信号时，棕色线接（　　　）、蓝色线接（　　　）、黑色线接（　　　）。

（3）MCGS 触摸屏中，设置字符作为数据输入输出时，输出值类型应该选择（　　　）。

（4）通常情况下，采用（　　　）线连接电脑与触摸屏，用作下载工程；采用（　　　）线连接触摸屏和 PLC，用作监控 PLC。

5.2.7.2　问答题

（1）在系统的启动停止按钮中，按钮连接的 PLC 通道采用 M 寄存器通道，为什么不用 X 输入通道呢？

（2）在增加设备通道过程中，当通道类型为 D 数据寄存器时，数据类型的可选项都有哪些？这些可选项分别是什么意义？

任务 5.3　触摸屏在传送机构调速控制系统的使用

项目教学目标

知识目标：

（1）掌握触摸屏监控 PLC 数字量的技术；

（2）掌握触变频器多段速控制的技术。

技能目标：

（1）能够设计较简单的电气自动控制系统；

（2）制作美观的触摸屏监控画面。

素质目标：

具有资料检索能力、学习能力、表达能力、团队合作能力、分析故障和解决问题的能力。

知识目标

5.3.1　任务描述

在电气自动控制领域，自动化生产线充分体现了生产自动化、功能多样化、智能化及个性化的特点。在陶瓷企业生产线中，传送机构承载着每一片瓷砖从原料到成品的每一个生产环节。随着生产工艺的改变，传送机构的传输速度也跟随着改变。通过完成本任务学会制作三相异步电动机的多段速调速系统。

5.3.2　任务分析

一条自动化瓷砖生产线是由很多个传送机构连接起来，如图 5-3-1 所示是一个转弯传送机构。

大部分传送机构都是采用一台三相异步电动机配减速箱来驱动，其结构和安装方式如图 5-3-2 所示。

图 5-3-1　转弯传送机构

图 5-3-2　传送机构的结构

在这类传送机构中，要想实现调速，必须得通过调节三相异步电动机的转速来实现。在本任务中要制作这类传送机构的调速系统，其中触摸屏的监控画面如图 5-3-3 所示。

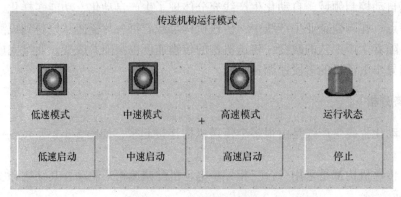

图 5-3-3　触摸屏监控画面

5.3.2.1　变频器的电压与电流的比例关系

异步电动机的转矩是由电机的磁通与转子内流过电流之间相互作用而产生的，在额定频率下，如果电压一定而只降低频率，那么磁通就过大，磁回路饱和，严重时将烧毁电机。因此，频率与电压要成比例地改变，即改变频率的同时控制变频器输出电压，使电动机的磁通保持一定，避免弱磁和磁饱和现象的产生。这种控制方式多用于风机、泵类节能型变频器。如图5-3-4所示是早期的变频器。

图5-3-4　早期的变频器

5.3.2.2　变频器运转时，电机的启动电流、启动转矩的变化关系

变频器运转时，随着电机的加速相应提高频率和电压，启动电流被限制在150%额定电流以下，根据机种不同在125%～200%之间。

用工频电源直接起动时，启动电流为6～7倍，因此，将产生机械电气上的冲击。采用变频器传动可以平滑地起动（启动时间变长）。启动电流为额定电流的1.2～1.5倍，启动转矩为70%～120%额定转矩；对于带有转矩自动增强功能的变频器，启动转矩为100%以上，可以带全负载启动。

5.3.2.3　变频器的制动力

从电机再生出来的能量贮积在变频器的滤波电容器中，由于电容器的容量和耐压的关系，通用变频器的再生制动力约为额定转矩的10%～20%。如采用选用件制动单元，可以达到50%～100%。转矩提升问题自控系统的设定信号可通过变频器灵活自如地指挥频率变化，控制工艺指标。

另外，在流水生产线上，当前方设备有故障时后方设备应自动停机。变频器的紧急停止端可以实现这一功能。

5.3.2.4　PWM和PAM的关系

PWM是脉冲宽度调制，按一定规律改变脉冲列的脉冲宽度，以调节输出量和波形的一种调值方式；PAM是脉冲幅度调制，是按一定规律改变脉冲列的脉冲幅度，以调节输出量值和波形的一种调制方式。

5.3.2.5　电压型与电流型有什么不同？

变频器的主电路大体上可分为两类：电压型是将电压源的直流变换为交流的变频器，直流回路的滤波是电容；电流型是将电流源的直流变换为交流的变频器，其直流回路滤波是电感。图 5-3-5 所示是常见的三菱 E 系列变频器。

5.3.2.6　通用变频器的运行方式

给所使用的电机装置设速度检出器（PG），将实际转速反馈给控制装置进行控制的，称为"闭环"，不用 PG 运转的就是"开环"。通用变频器多为开环方式，也有的机种利用选件可进行 PG 反馈。

5.3.2.7　变频器的多段速运行方式

图 5-3-5　三菱 E 系列变频器

市面上的变频器基本都具有多段速运行的功能，采用 3 个端子与公众端连接的方式，3 个端子的二进制编码可以组成 15 种方式，所以，变频器通常具有十五段速运行模式，一般情况下只采用低速、中速、高速三种。

5.3.3　任务材料清单

任务材料清单见表 5-1-1。

5.3.4　相关知识

5.3.4.1　系统结构示意图

在本系统中，只需要触摸屏、PLC、变频器和传送带，其结构示意图及各模块的信号流向如图 5-3-6 所示。

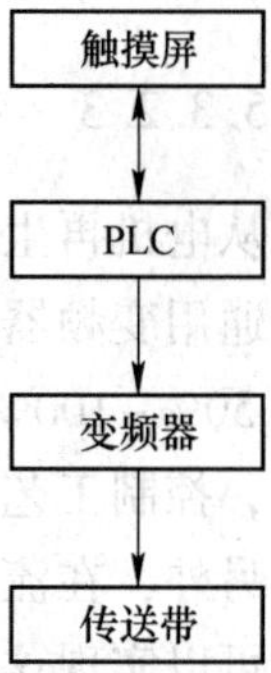

本任务是制作一个传送机构调速控制系统，其中触摸屏监控画面如图 5-3-3 所示，控制功能如下：

（1）任何时候都可以选择运行模式；

（2）点击"低速启动"按钮时，运行状态指示灯和低速模式指示灯显示绿色，中速模式指示灯和高速模式指示灯显示红色，传送机构运行在 25Hz；

（3）点击"中速启动"按钮时，运行状态指示灯和中速模式指示灯显示绿色，低速模式指示灯和高速模式指示灯显示红色，传送机构运行在 35Hz；

图 5-3-6　电气控制
系统结构图

（4）点击"高速启动"按钮时，运行状态指示灯和高速模式指示灯显示绿色，低速模式指示灯和中速模式指示灯显示红色，传送机构运行在 50Hz；

（5）点击"停止"按钮时，所有指示灯显示红色，传送机构停止运行。

5.3.4.2　制作电气控制系统

A　设计电气系统图

在制作电气控制系统时，第一步通常是设计电气系统图，根据以上控制方案，设计出电气系统图如图 5-3-7 所示。

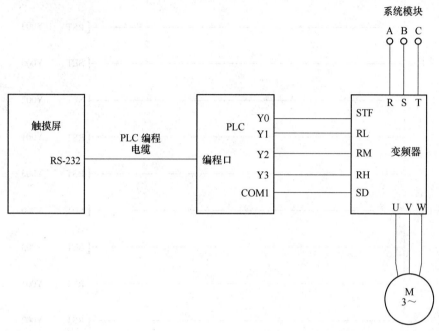

图 5-3-7　电气系统图

B　设置变频器参数

按表 5-3-2 设置变频器参数。

表 5-3-2　变频器参数

菜单	参数	备注	菜单	参数	备注
Pr. 79	3		Pr. 5	35	中速
Pr. 4	50	高速	Pr. 6	25	低速

C　编写 PLC 程序

如图 5-3-8 所示编写程序并下载到 PLC 中。

5.3.4.3　调试系统

在本系统中，存在安全隐患的是三相异步电动机，其他线路问题不大，所以调试步骤如下：

（1）如图 5-3-8 所示，断开变频器的输出线路。

（2）调试控制部分：

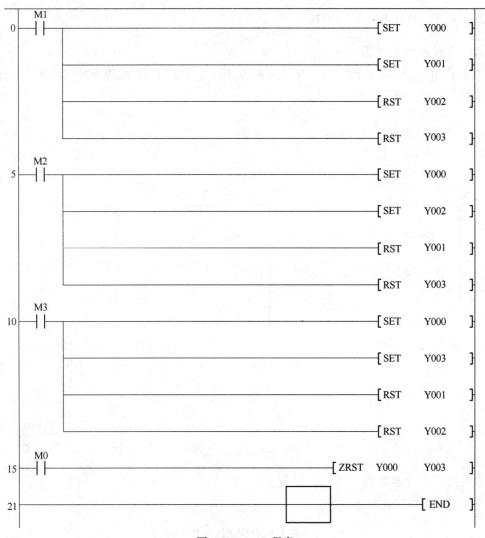

图 5-3-8　PLC 程序

1）点击触摸屏上的"低速启动"按钮，运行状态指示灯和低速模式指示灯显示绿色，中速模式指示灯和高速模式指示灯显示红色，变频器面板显示输出频率由 0 增加至 25Hz。

2）点击触摸屏上的"中速启动"按钮，运行状态指示灯和中速模式指示灯显示绿色，低速模式指示灯和高速模式指示灯显示红色，变频器面板显示输出频率变化至 35Hz。

3）点击触摸屏上的"高速启动"按钮，运行状态指示灯和高速模式指示灯显示绿色，低速模式指示灯和中速模式指示灯显示红色，变频器面板显示输出频率变化至 50Hz。

4）点击"停止"按钮时，所有指示灯显示红色，变频器面板显示输出频率变化至 0Hz。

（3）连接变频器与电动机的电源线。

（4）整机调试。

1）点击触摸屏上的"低速启动"按钮，运行状态指示灯和低速模式指示灯显示绿色，中速模式指示灯和高速模式指示灯显示红色，变频器面板显示输出频率由 0 增加至 25Hz，传送机构低速运行。

2）点击触摸屏上的"中速启动"按钮，运行状态指示灯和中速模式指示灯显示绿色，低速模式指示灯和高速模式指示灯显示红色，变频器面板显示输出频率变化至 35Hz，传送机构中速运行。

3）点击触摸屏上的"高速启动"按钮，运行状态指示灯和高速模式指示灯显示绿色，低速模式指示灯和中速模式指示灯显示红色，变频器面板显示输出频率变化至 50Hz，传送机构高速运行。

4）点击"停止"按钮时，所有指示灯显示红色，变频器面板显示输出频率变化至 0Hz，传送机构停止运行。

5.3.5　知识检测

5.3.5.1　填空题

（1）在本任务中，使用的触摸屏的品牌是（　　　）型号是（　　　）。

（2）使用的触摸屏的电源是（　　　）V。

（3）使用的 PLC 的电源是（　　　）V。

（4）使用触摸屏与 PLC 通信时，通信参数波特率通常设置为（　　　）。

（5）三菱 E700 变频器中，接电源的端子编号分别是（　　　）、（　　　）、（　　　），接负载的端子编号分别是（　　　）、（　　　）、（　　　）。

（6）异步电动机的转矩是电机的（　　　）与转子内流过（　　　）之间相互作用而产生的。

（7）频率与电压要成比例地改变，即改变频率的同时控制变频器输出电压，使电动机的（　　　）保持一定，避免弱磁和磁饱和现象的产生。

（8）变频器的主电路大体上可分为两类：（　　　）是将电压源的直流变换为交流的变频器，直流回路的滤波是电容；（　　　）是将电流源的直流变换为交流的变频器，其直流回路的滤波是电感。

5.3.5.2　问答题

（1）在制作触摸屏监控 PLC 的工作中，都有哪些步骤？

（2）在调试自动化控制设备的时候，经常采用的步骤及注意事项是什么？

参 考 文 献

[1] 梁倍源. 机电一体化应用技术 [M]. 北京：化学工业出版社，2014.10.1
[2] 解增昆. 维修电工实训 [M]. 电子工业出版社，2019.
[3] 武兰英. 机电一体化技术基础及应用 [M]. 北京：机械工业出版社，2011.